本书由河北省教育厅人文社会科学研究重大课题攻关项目"双碳生态产品价值核算与实现机制研究"（ZD202220）资助出版

WOGUO TANJIAOYI SHICHANG DE
GONGJICE JIEGOUXING GAIGE YANJIU

我国碳交易市场的
供给侧结构性改革研究

刘　超　陈志国　丁颖辉　乔敏健⊙著

知识产权出版社
全国百佳图书出版单位
—北京—

图书在版编目（CIP）数据

我国碳交易市场的供给侧结构性改革研究／刘超等著. --北京：知识产权出版社，2025.6. -- ISBN 978-7-5245-0044-5

Ⅰ.X511

中国国家版本馆 CIP 数据核字第 2025RJ6037 号

内容提要

本书以我国碳排放权交易市场的供给侧结构性改革为研究对象，开展碳排放权交易市场供给侧结构性改革的理论分析，分析我国碳排放权交易市场供给侧结构性改革的政策演进，评价我国碳排放权交易市场供给侧结构性改革的政策效果，解析碳排放权交易市场供给侧结构性改革的科技人才驱动效应，探究碳排放权交易市场供给侧结构性改革的结构网络演化，开展碳排放权交易市场供给侧结构性改革的风险管理研究，探索碳排放权交易市场供给侧结构性改革的优化路径。

本书为碳排放权交易市场管理者提供理论参考，并可供绿色经济、区域经济、数字经济等领域的专家学者及研究生参考。

责任编辑：徐　凡　　　　　　　　　责任印制：孙婷婷

我国碳交易市场的供给侧结构性改革研究

WOGUO TANJIAOYI SHICHANG DE GONGJICE JIEGOUXING GAIGE YANJIU

刘　超　陈志国　丁颖辉　乔敏健　著

出版发行：	知识产权出版社有限责任公司	网　　址：	http://www.ipph.cn
电　话：	010 - 82004826		http://www.laichushu.com
社　址：	北京市海淀区气象路 50 号院	邮　编：	100081
责编电话：	010 - 82000860 转 8763	责编邮箱：	laichushu@ cnipr.com
发行电话：	010 - 82000860 转 8101	发行传真：	010 - 82000893
印　刷：	北京中献拓方科技发展有限公司	经　销：	新华书店、各大网上书店及相关专业书店
开　本：	720mm×1000mm　1/16	印　张：	13
版　次：	2025 年 6 月第 1 版	印　次：	2025 年 6 月第 1 次印刷
字　数：	200 千字	定　价：	58.00 元

ISBN 978-7-5245-0044-5

前　言

党的二十大报告强调："完善碳排放统计核算制度，健全碳排放权市场交易制度。"党的二十届三中全会提出："构建碳排放统计核算体系、产品碳标识认证制度、产品碳足迹管理体系，健全碳市场交易制度、温室气体自愿减排交易制度，积极稳妥推进碳达峰碳中和。"指碳排放权交易市场的供给侧结构性改革事关生态文明建设，事关经济社会绿色低碳发展。面对西方国家碳中和等环保政策的调整，我国碳排放权交易市场的供给侧结构性改革对于国家乃至全球的可持续发展尤为重要。深入开展我国碳排放权交易市场的供给侧结构性改革，需要分析与评估我国碳排放权交易市场供给侧结构性改革的政策演化和结构网络演化，开展碳排放权交易市场供给侧结构性改革的风险管理，从而探索碳排放权交易市场供给侧结构性改革的优化路径。这对我国实现"双碳"目标和推动全社会绿色低碳转型具有重要意义。

本书以我国碳排放权交易市场供给侧结构性改革为研究对象，分析碳排放权交易市场供给侧结构性改革的理论基础，探讨碳排放权交易市场供给侧结构性改革的现状和具体探索，评估碳排放权交易市场供给侧结构性改革的政策效果，解析碳排放权交易市场供给侧结构性改革的科技人才驱动效应，构建碳排放权交易市场供给侧结构性改革的引力模型，探究碳排放权交易市场供给侧结构性改革的结构网络演化，开展碳排放权交易市场供给侧结构性改革的风险管理，探索碳排放权交易市场供给侧结构性改革的优化路径。

本书的顺利出版要感谢白泽旺、董梦琪、韩敏、白莎莎、孙蕴哲、房少洁、邱文松、武茜茜、张义婷等，他们在背景政策文献收集整理、章节内容梳理、实证数据收集及语句文字的修改等方面做了大量富有成效的工作。

最后，感谢河北省教育厅人文社会科学研究重大课题攻关项目"双碳目标约束下京津冀生态产品价值核算与实现机制研究"（ZD202220）对本书出版的资助。

目 录

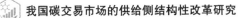

第 1 章

绪 论

随着工业化的加速，温室气体排放量急剧增加。这导致气温升高，极端气候事件频发，对生态系统和人类社会造成严重影响。由于传统的行政命令和经济补贴手段已难以有效应对气候变化，我国积极寻求新型和有效的环境政策工具，碳排放权交易市场应运而生。党的二十大报告提出，积极稳妥推进碳达峰碳中和，立足我国能源资源禀赋，坚持先立后破，有计划分步骤实施碳达峰行动，深入推进能源革命，加强煤炭清洁高效利用，加快规划建设新型能源体系，积极参与应对气候变化全球治理。推进碳达峰碳中和是党中央经过深思熟虑作出的重大战略决策，是我们对国际社会的庄严承诺，也是推动经济结构转型升级、形成绿色低碳产业竞争优势、实现高质量发展的内在要求。我国碳排放权交易市场面临着数据核算风险、价格波动风险、履约与抵消风险，仍有一些待完善的空间，碳排放权交易市场的供给侧结构性改革迫在眉睫。

我国积极探索和完善碳排放权交易市场，按照"市场化"的方式制定温室气体排放价格，利用市场化减排手段推动降碳减排，通过价格信号激励企业采取更为有效的减排措施。我国推动碳排放权交易市场的供给侧结构性改革，完善推动高质量发展激励约束机制，塑造发展新动能新优势，为积极应对气候变化提供了新的合作平台，有效促进绿色低碳技术交流与合作。

本章主要介绍碳排放权交易市场政策的产生背景，归纳和评述碳排放权交易市场的已有研究成果,阐述本书的主要内容,以期为气候治理提供新的视角和解决方案,为实现经济与环境的协调发展贡献力量。

1.1 研究背景

全球温室气体排放量不断攀升,极端气候事件频发,生态系统被破坏,严重影响社会经济活动,我国绿色低碳发展面临前所未有的挑战。面对减少温室气体排放的迫切需求,我国积极推动碳排放权交易市场的建设,发挥市场机制作用,激励减排,积极应对气候变化。我国碳排放权交易市场不断完善和发展,其涵盖温室气体的排放量不断增加,占比从 2005 年的 5% 攀升至 2021 年的 16%。

温室气体的累积直接影响气候变迁,而二氧化碳(CO_2)作为主要的温室气体之一,其对大气的污染程度已经超越二氧化硫(SO_2)和氮氧化物(NO_x)等污染物。二氧化碳等温室气体的浓度已经达到过去 80 万年的最高点,这导致 1880—2012 年地球平均表面温度升高了 0.85℃。二氧化碳等温室气体不断在大气中积聚,产生辐射强迫效应,推动气候变暖,进而导致了一系列的环境问题。面对气候变化问题,联合国政府间气候变化专门委员会(IPCC)持续开展研究,发布了 6 次气候变化评估报告,见表 1-1。

表 1-1 联合国政府间气候变化专门委员会的评估报告

气候变化评估报告	核心内容	意义
IPCC 第一次评估报告:气候变化 1990(FAR)	确认全球变暖的科学基础	为《联合国气候变化框架公约》的签署奠定了基础
IPCC 第一次评估报告补充报告:气候变化 1992	指出人类活动排放的硫化物可能对北半球气温起到冷却作用	推动了《联合国气候变化框架公约》的签署
IPCC 第二次评估报告:气候变化 1995(SAR)	指出人类活动影响全球气候是可识别的,由气候变化导致的后果是不可逆的	为《京都议定书》的签署奠定了科学基础

气候变化评估报告	核心内容	意义
IPCC 第三次评估报告：气候变化 2001（TAR）	指出 20 世纪中叶到 21 世纪观测到的大部分变暖原因主要是温室气体的增加	推动了《京都议定书》的生效执行
IPCC 第四次评估报告：气候变化 2007（AR4）	指出温室气体浓度增加导致全球平均气温升高，并预测在 21 世纪中叶，气候变化引发极端天气的风险将增加，引发冰川、雪盖和冻土等一系列变化问题。提出温升控制在 2℃ 的科学问题	为公约第 13 次缔约方大会讨论 2012 年后新的国际减排行动框架提供科学依据
IPCC 第五次评估报告：气候变化 2013（AR5）	指出人类对气候系统的影响是明确的，而且这种影响在不断增强	为《巴黎协定》的签署奠定了基础
IPCC 第六次评估报告：气候变化 2023（AR6）	人类活动导致各生态圈发生了广泛而迅速的变化	推动《巴黎协定》的执行，全球将全面进入碳中和时代

随着能源消耗的不断增加，二氧化碳排放量持续增长，二氧化碳已成为主要的温室气体之一，其排放量占所有温室气体总排放量的近 59%。为了应对全球气候变化和温室气体排放问题，一系列的法律和政策措施被相继制定和实施。1992 年，联合国政府间气候变化专门委员会通过了《联合国气候变化框架公约》。1997 年，基于"共同但有区别的责任"原则，《京都议定书》为参与国家制定了各自的温室气体减排目标。2001 年，《马拉喀什协定》进一步明确了温室气体减排机制的运行规则，为碳排放权交易市场的发展奠定了基础。随后，多个国家和地区开始建立碳排放权交易市场体系。

工业的发展使化石燃料消耗量大幅增加，森林植被严重破坏，温室气体排放量逐渐递增，温室效应不断积累。这导致全球气候变暖，平均温度升高，海平面上涨，冰川融化，极端现象频发。气候变化对环境产生巨大的负面影响，给人类带来不可估量的损失，如果不加以干预必将付出巨大的代价。二氧化碳排放量很大程度上影响着气候变化，如图 1-1 所示。

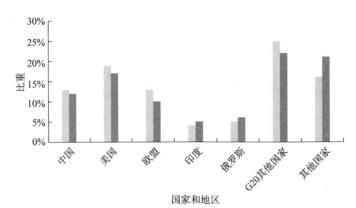

图 1-1　各国和地区二氧化碳排放量对全球气候变化的影响

经济活动具有外部性特征，存在未被市场价格反映的外部性影响。工业生产造成的温室气体排放和环境污染具有负外部性特征，而商品交易市场机制往往无法进行有效调节。这主要是由于生产过程产生的环境成本并未计入企业生产成本，导致资源配置效率低下和环境恶化。根据科斯定理，通过明确产权归属，在市场上交易明确后的产权，可以实现资源的有效配置，这为碳排放权交易市场政策的实施奠定了基础。因此，各个国家和地区推出碳排放权交易市场政策，用市场化解决方案解决二氧化碳的负外部性问题。在碳排放权交易市场中，二氧化碳的排放配额成为标的物，这样可以减少温室气体排放，从而应对气候变化。

传统的行政命令与经济补贴模式在节能减排和应对气候变化等方面的作用效果日益弱化，并可能造成较大的财政负担。相比之下，碳排放权交易市场政策通过市场化手段对温室气体排放量进行限制，可以实现政府、企业及全社会的共同参与，达到减排目标，成为温室气体减排的主要手段。

面对能源体系转型的迫切需求，各个国家和地区将碳排放权交易作为关键的温室气体减排策略，不断完善碳排放权交易市场。2002 年，英国率先建立了全球首个碳排放权交易市场，随后美国和加拿大也启动了碳排放权交易市场机制。自《京都议定书》生效以来，欧盟采纳了碳排放权交易市场机制，构建欧盟碳排放交易体系（EU-ETS）。EU-ETS 由欧盟成员国共同发起，是较为成熟的碳排放权交易市场之一。新西兰和瑞士也启动了碳排放权交易市场体系，利用发起的"市场准备伙伴关系"计划进一步推动了碳排放权交易市场机制在发展中经济体的建立。其他一些国家也开始探索建立跨国的碳排放权交易市场。碳排放权交易市场覆盖的碳排放数量达到 37 亿吨二氧化碳当量，占所有温室气体年排放总量的 13%。

作为全球最大二氧化碳排放国，我国积极主动制定了一系列政策，多措并举控制温室气体排放，降低碳排放强度。首先，我国在多个省市开展了碳排放权交易市场试点，启动碳排放权交易。其次，我国明确提出 2030 年"碳达峰"与 2060 年"碳中和"目标，主动降低化石能源在能源消费总量中的比重。2021 年 7 月，全国碳排放权交易市场正式开市。我国积极推动碳排放权交易市场建设，探索低碳发展，承担大国责任，展现大国担当，在全球气候治理中扮演着越来越重要的角色。

在碳排放权交易市场中，按照确定的碳排放总额，企业可获得一定的碳排放配额，得到碳排放权，可在法律允许的碳排放配额额度内排放二氧化碳。企业根据自身情况可以选择采取措施减少碳排放，节省下来的碳排放配额可以在市场上出售给需要更多碳排放配额的企业。额度不够的企业需要选择购买额外的碳排放配额，以满足自身的碳排放需求。发挥碳排放权交易市场机制作用，通过市场供需关系确定碳排放权价格，可为企业提供减排的经济激励。根据边际减排成本，企业可选择减排或者购买碳排放配额，这使得整个社会的减排成本最小化。碳排放权交易市场有助于资本流向绿色低碳生产和生活方式，可主动推动技术改革，为排放主体的减排行为提供了市场激励，有效挖掘排放主体的技术潜力。碳排放权交易市场利用市场化手段鼓励企业和个人采用更环保的生产和生活方式，健全绿色低碳发展机制，实现绿色低碳发展。

1.2 国内外研究现状

研究人员根据庇古和科斯的外部性内化理念，深入分析碳排放权交易市场政策与环境规制，探索碳排放权交易市场机制作用，促进了环境资源的优化配置和污染减排成本的最小化，为解决全球气候变化问题提供了新的经济手段，为环境政策的设计和实施提供了新的视角和方法。已有研究深入分析气候变化问题，挖掘碳排放权交易市场的环境治理潜力，探索可持续发展路径。本节从碳排放权交易市场的政策演进、碳排放权交易市场的政策效果及碳排放权交易市场的供需分析等方面综述有关碳排放权交易市场的主要研究成果。

1.2.1 碳排放权交易市场的政策演进

碳排放权交易市场政策逐渐成为有效的环境规制工具，促进经济增长与环境保护协调发展。英国经济学家庇古开创性提出了环境外部性概念，主张通过政府干预来纠正市场失灵，将环境污染问题内生化，即通过征税等经济手段可以有效地解决环境污染问题，完善市场经济体系（Pigou，1920）。罗纳德·科斯的科斯定理进一步分析了产权的作用，强调了产权界定在解决环境问题中的重要作用，即通过明确界定排污权可以有效优化市场机制，缓解环境外部性问题（Coase，1960）。根据科斯定理，很多研究人员系统分析环境经济政策，特别是在排污权交易制度的设计和实施方面，取得了丰硕的研究成果。

在科斯定理的基础上，研究人员探索了排污权交易，进一步发展了社会成本理论。根据排污权交易机制，企业可进行排污权的买卖。这成为有效的环境规制手段，可实现资源的优化配置，达到帕累托最优状态（Coase，1966；Dales，2002）。根据排污权交易制度，可通过拍卖和免费分配等方式向企业分配碳排放配额，控制整个经济社会的污染排放总量。在碳排放权交易市场中，碳排放权具有一定的价格，可以在企业之间进行买卖和流通。当碳排放权价格上升时，为了降低成本，企业会采取措施减少温室气体的排放。相反，当碳排放权价格下降时，污染成本降低，企业可能会增加温室气体的排放。理想状态下，当所有排放主体的减排边际成本相等时，整个社会的温室气体减排成本将达到最低。

按照科斯定理和社会成本理论，各个国家开始探索环境规制工具，推出了一系列政策，将排放权交易的理论框架应用于实践。随着气候问题日益严峻，二氧化碳等温室气体的排放权交易逐渐成为重要的环境规制工具。2003年，美国建立了全球首个具有法律约束力的温室气体排放权交易机构——芝加哥气候交易所（CCX），这为碳排放权交易市场的发展提供了重要借鉴和示范作用。2005 年，欧盟建立了欧盟碳排放交易体系（EU-ETS），其成为全球较为成熟的碳排放权交易市场，对碳排放权交易的发展产生了深远影响。自 2013 年起，中国逐步启动了 8 个区域性的碳排放权交易市场，之后，全国碳排放权交易市场正式开市。碳排放权交易市场的供给侧结构性改革取得了很好的效果，已成为实现碳达峰碳中和目标的关键手段。为应对严重的酸雨问题，美国将二氧化硫排放权作为标的物，建立了二氧化硫排放权交易市场。研究人员对美国二氧化硫排放权交易制度的成效进行了评估，研究发现，建立二氧化硫排放权交易市场之后，二氧化硫排放量显著减少。这证实了排污权交易在减少污染物排放方面的有效性（Stavins，1998）。此外，排污权交易能够有效减少污染物排放，发挥市场机制作用，推动排放主体采取节能减排措施，调整能源结构，推动绿色创新，提高能源利用效率（Zhou，et al.，2019；Tang，et al.，2021），如图 1-2 所示。

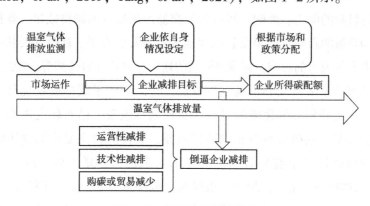

图 1-2　排放权交易的过程

1.2.2　碳排放权交易市场的政策效果分析

为了准确评估碳排放权交易市场的政策影响和政策效果，研究人员主要从碳排放权交易市场的减排效益、碳排放权交易市场的经济效益及碳排放权交易市场的绿色低碳创新效益 3 个方面开展研究：通过定量和定性的方法评估了碳排放权交易市场政策对温室气体排放量的实际影响，从而分析碳排放权交易市场政策的减排效益；探讨和分析碳排放权交易市场政策对宏观经济的影响，从而估计碳排放权交易市场政策的经济效益；分析碳排放权交易市场政策如何激发技术创新和推动绿色技术发展，从而辨析碳排放权交易市场政策的绿色低碳创新效益。

建立碳排放权交易市场，通过市场化机制降低二氧化碳等温室气体的排放，可实现减排效益，有效应对全球气候变化问题。已有研究表明，碳排放权交易机制能有效减少二氧化碳的排放量，扩大碳排放权交易市场的规模能够显著减少全球范围内的温室气体排放总量（Abrell et al.，2011）。然而，碳排放权交易市场政策的减排效益并不一定能在短期内实现。欧盟碳排放交易体系（EU-ETS）在市场初期阶段并未在短期内实现减排效益，对能源密集型产业的碳排放量影响有限（Streimikiene，Roos，2009）。这可能与碳排放权交易市场政策的碳排放配额分配制度不足有关，尤其是在总量控制和初始分配方面。一些国家的经济发展水平和政策执行力度制约了实现碳减排目标的能力，影响了碳排放权交易市场政策的减排效果。碳排放权交易市场政策的碳减排效果受各国和地区经济发展水平、社会发展状况和政策执行力度等因素的影响，表现出明显的地区差异性（曾诗鸿等，2022）。

结合经济发展阶段和市场制度特点，我国开展了碳排放权交易市场试点工作，努力降低二氧化碳的排放，实现减排效益。已有研究表明，实施碳排放权交易市场政策可以实现减排效益，碳排放权交易市场政策的实施对二氧化碳减排效果有显著的促进作用（宋德勇，夏天翔，2019；周迪，刘奕淳，2020；李胜兰，2020；张修凡，范德成，2021）。研究人员发现，我国碳排放权交易市场试点政策的减排效果存在明显的异质性，地区间的减排效果差异较大（刘传明等，2019；曾诗鸿，2022）。一些研究人员探究碳排放权交易市场政策对我国碳减排的溢出效应，利用合成控制法分析碳排放权交易市场政策的溢出效应，降低了试点城市的碳排放量，同时有利于周边地区实现碳减排目标（李治国，王杰，2021）。因此，应推动我国碳排放权交易市场的供给侧结构性改革，充分考虑地区的经济发展水平、资源禀赋状况与碳排放实际情况，制定针对性政策，实现碳减排目标（张彩江，李章雯，周雨，2021）。

碳排放权交易市场政策是以市场为基础的环境规制工具。利用市场力量将环境成本内部化可解决环境污染的负面外部性，促进经济的持续增长，实现经济效益。碳排放权交易市场政策可以显著降低二氧化碳排放，也可能对经济增长产生影响（Tang et al.，2015）。建立和完善碳排放权交易市场有助于减少温室气体排放，缓解空气污染对经济的不利影响，提升经济效益（Cheng et al.，2015；Liao et al.，2015）。研究发现，扩大碳排放权交易市场的覆盖范围能够有效促进碳减排，同时促进地区经济增长，实现绿色发展与经济增长的双重目标（余萍等，2020）。碳排放权交易市场政策可能无法短期内改善经济状况，但从长远来看，根据波特假说，碳排放权交易市场政策等环境规制工具可促进技术创新和产业升级，带来新的经济增长点，补偿因减少碳排放而可能遭受的经济损失，实现经济效益（Wu et al.，2016；Dong et al.，2019）。碳排放权交易市场政策和市场机制作用可有效协调环境保护和经济增长，健全绿色低碳发展机制，实现绿色低碳发展。

碳排放权交易市场政策是基于交易许可证的环境规制工具，比基于技术标准的直接规制工具更有效，可激发技术创新，实现绿色低碳创新效益。按照碳排放权交易市场政策，通过碳定价机制可促进能源类型的转换，吸引更多资金投入绿色低碳领域，激励绿色低碳技术创新，促进产业绿色低碳转型（Laing et al.，2013；王为东等，2020；谢里，郑新业，2020）。碳排放权交易市场政策可促使企业进行绿色技术创新，降低排放成本。利用倾向得分匹配等方法分析碳排放权交易市场政策对企业绿色低碳技术创新的影响，研究结果表明，碳排放权交易市场政策促进了碳减排企业的技术创新，提升了碳减排企业的绿色低碳技术水平（Cale et al.，2016）。也有一些研究认为，碳排放权交易市场政策对绿色创新影响的研究仍然相对有限。研究发现，碳排放权交易市场政策对电力企业绿色低碳技术创新的影响并不显著，按照碳减排目标推动创新的进程缓慢（Schmidt et al.，2012）。

碳排放权交易市场政策的绿色低碳创新效益存在异质性。碳排放权交易市场政策激励企业进行绿色创新，但因不同的碳排放配额分配方式等多种因素，碳排放权交易市场政策对企业的激励作用存在异质性（宋德勇等，

2021)。研究发现，我国 8 个碳排放权交易市场试点由于综合发展水平的不平衡，碳排放权交易市场政策对不同地区的绿色技术创新影响存在异质性。其显著促进了西部地区的绿色技术创新，但对中部、东部地区绿色创新活动的影响有限（周朝波，覃云，2020）。可按照碳排放权交易市场政策，并结合地区的实际情况，改变企业的生产成本，逼迫减排企业主动调整消费和生产结构，推动绿色技术创新，研发绿色低碳技术，提高企业的绿色全要素生产率（胡玉凤，丁友强，2020；肖振红等，2022；张杨等，2024）。

1.2.3　碳排放权交易市场的供需分析

按照碳排放权交易市场政策，碳排放配额的供给和企业实际需求影响碳排放权交易市场的供需关系，而供需关系又与碳排放权价格和企业成本有关，事关企业的碳排放和绿色技术，这使得碳排放权交易市场成为有效的环境规制工具，获得各国的广泛关注与应用（王慧，2016）。为积极应对气候危机，顺应绿色低碳发展形势，碳排放权交易市场已成为我国实现"双碳"目标的重要引擎（赵宪庚，2023）。为有效发挥碳排放权交易市场机制作用，应充分运用碳排放配额的减排功能，使碳排放权交易市场参与方根据供需关系动态调整生产成本，推动绿色低碳可持续发展。

碳排放权交易市场的供给主要表现为总碳排放配额。根据减排目标对碳排放配额设定上限是提高碳排放权交易市场减排效率的重要工具。设置合理的总碳排放配额，可以有效控制全国碳排放总量（时佳瑞，2015）。确定总碳排放配额之后，可将其无偿配置给市场参与者，允许其在碳排放量超过免费配额时购买碳排放配额，从而完成总体减排任务，因此碳排放配额的合理分配至关重要（Cai，Ye，2019；Chen，2021）。在碳排放权交易市场发展的初期，碳排放配额免费分配过量的情况频出，这使碳排放配额分配缺乏精准性且滞后于碳排放权交易市场的真实情况，导致碳排放权价格不能真实反映碳排放权交易市场的供需情况，而有偿的碳排放配额分配方式，如拍卖、委托拍卖和固定价格出售等，能够更合理地分配碳排放配额，更大限度地激发碳排放权交易市场活力（宋亚植等，2019；方德斌，谢钱姣，2023；丁攀等，2023）。已有研究发现，应不断优化碳排放总量的核定标准，紧缩碳排放配额，依法将碳排放额度无偿分配给社会公众以保障民生，再通过竞价方式将剩余额度有偿分配给需要的企业。区域碳排放配额应充分考虑各区域的经济社会发展水平、减排潜力等因素，对于技术先进且低耗能的产业、低碳技术发达的区域，可适当放宽碳排放约束（刘明明，2019；Chen，2021：张楠，2022；邵帅等，2023；丁攀等，2023；Shi et al.，2023）。

在碳排放权交易市场需求方面，当碳排放配额少于企业实际需要的碳排放量，且购买碳排放配额的支出小于升级技术成本或承担完不成减污降碳任务的惩罚成本时，碳排放权交易市场的需求就会产生（Song et al.，2019）。研究人员发现，碳排放权交易市场需求受到多种因素的影响，预期碳排放量、企业的生产经营活动、能源替换行为及天气等因素均会在短期内影响碳排放权交易市场需求，而长期主要受经济增长、边际减排成本、企业减排活动、对超额排放的惩罚力度的影响（陈晓红等，2013；王倩，路京京，2015）。

根据碳排放权交易市场的供需关系，确定合理的碳排放权价格成为碳排放权交易市场的核心问题。碳排放权价格与有偿分配的碳排放配额直接相关，这反映了碳排放权交易市场的真实供需关系。剧烈波动的碳排放权价格导致碳排放权交易市场参与者产生消极态度，而低迷的碳排放权价格则会抑制企业开展碳减排和使用清洁能源技术的动力，甚至会迫使企业在短期内提高产量和加大碳排放（Ibrahim，Kalaitzoglou，2016；魏立佳等，2018；宋亚植等，2019）。碳排放权交易市场供需关系引起的碳排放权价格剧烈波动会影响碳排放权交易市场的政策效果。当碳排放权交易市场供需平衡、达到市场均衡时，碳排放权交易市场稳定有序发展，推动绿色低碳发展。

研究人员主要从碳排放权价格的波动和碳排放权价格的影响因素等方面分析碳排放权价格的特征和规律。在碳排放权价格波动方面，准确的碳排放权价格预测为市场交易者和市场投资者提供参考价值，有助于识别市场面临的风险，有助于建立完善的市场机制。研究人员主要运用回归分析预测、计量统计模型、人工智能和神经网络等方法开展碳排放权价格波动分析（Niu et al.，2022；李涛等，2022）。与传统模型相比，一些大数据模型（CNN-LSTM 模型、BP 神经网络模型）预测碳排放权价格波动的精度较高，可以有效预测不同活跃度碳排放权交易市场的碳排放权价格（郑祖婷等，2018，Niu X S，2022；郭宇辰等，2023）。当碳排放权交易市场供需平衡时，碳排放权价格保持在合理区间，释放积极的激励信号。反之，企业缺乏减排和参与碳交易的动力，单纯完成碳排放配额目标以避免行政处罚（郭蕾，赵方芳，2020；胡铭宇等，2023）。研究人员构建影响企业碳成本的决定方程，模拟"企业—政府—市场"与初始碳排放权价格之间的联动关系，测度符合我国碳排放权交易市场发展规律的初始价格波动区间，获得合理的碳排放权价格区间（宋亚植等，2019）。已有研究成果主要从内部和外部两方面分析碳排放权价格的影响因素：分析历史碳排放权价格等内部因素对碳排放权价格的影响（张省，2023）；探究能源结构、经济结构、能源消耗强度、天气、环保技术、市场稳定储备机制、股票市场、环保补贴、环境税收、减排政策、补偿机制等外部因素对碳排放权价格的影响（王倩，路京京 2015；王丹舟，杨德天，2018；尹忠海等，2021；郭宇辰等，2023；Yan，Cheung，2023）。

1.2.4　文献述评

国内外研究人员对碳排放权交易市场的研究已取得一些有益成果，研究深度与广度也在逐渐提高，但是，目前碳排放权交易市场供给侧结构性改革的研究内容尚不完备，为本书研究留下进一步的研究空间。不足之处如下。

第一，需要建立碳排放权交易市场供给侧结构性改革的研究框架。碳排放权交易市场需要依靠市场力量与宏观调控。有关碳排放权交易市场供给侧结构性改革的研究较少，因此需要深入研究碳排放权交易市场供给侧结构性改革的政策效果、人才驱动效应、结构网络演化、风险管理及优化路径。

第二，需要开展碳排放权交易市场供给侧结构性改革的政策分析。已有研究较少分析碳排放权交易市场供给侧结构性改革的政策演变，难以有效评估各类政策的效果，因此需要归纳分析命令型规制、市场型规制和激励型规制等，剖析碳排放权交易市场供给侧结构性改革的政策传导效应。

第三，需要开展碳排放权交易市场供给侧结构性改革的风险管理。已有研究较少关注碳排放权交易市场供给侧结构性改革的风险管理，很少深入分析碳排放权交易市场供给侧结构性改革面临的风险，因此需要剖析碳排放权交易市场供给侧结构性改革的履约风险、抵消风险、价格波动风险、数据核算风险与信息冲击风险，探索我国碳排放权交易市场的供给侧结构性改革的优化路径。

1.3 研究内容与创新之处

本节概括本书研究的主要内容，归纳本书研究的创新之处。

1.3.1 研究内容

本书研究评估我国碳排放权交易市场供给侧结构性改革的政策效果，分析我国碳排放权交易市场供给侧结构性改革的科技人才驱动效应，构建引力模型探究我国碳排放权交易市场供给侧结构性改革的结构网络演化，开展我国碳排放权交易市场供给侧结构性改革的风险管理，探索我国碳排放权交易市场供给侧结构性改革的优化路径，具体如图 1-3 所示。

第一，概述碳排放权交易市场的研究背景和主要研究成果，分析碳排放权交易市场供给侧结构性改革的理论基础。碳排放权交易市场成为减少温室气体排放、实现低碳发展的重要市场化机制，对于推动气候治理具有重要作用。本书介绍碳排放权交易市场政策的演进、碳排放权交易市场政策的政策效果及碳排放权交易市场的供需情况，深入剖析碳排放权交易市场的属性和内涵，明确碳排放权与碳排放权交易市场的关系。本书根据公共物品理论、外部性理论、产权理论和市场假说理论等，分析碳排放权交易市场的政策设计和运行机制。本书根据碳排放权交易理论、成本效益理论、碳交易机制设计理论和绿色溢价理论等，探讨碳排放权交易市场供给侧结构性改革的理论基础，分析碳排放权交易市场供给侧结构性改革的原则

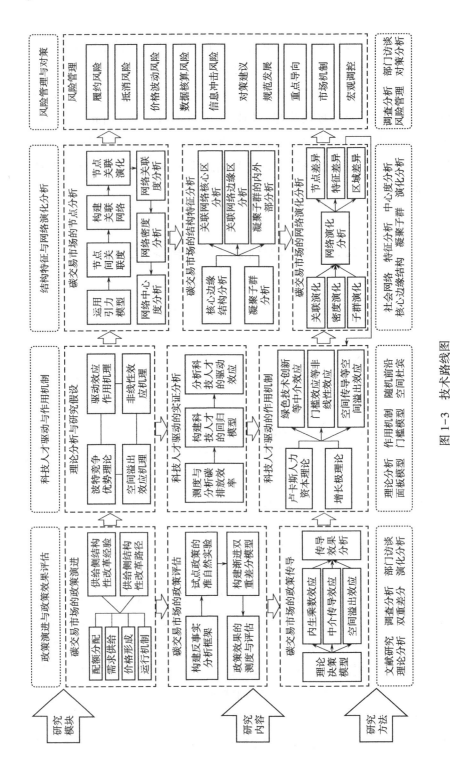

图 1-3　技术路线图

与机制，为碳排放权交易市场供给侧结构性改革的优化提供参考。

第二，分析和探讨我国碳排放权交易市场供给侧结构性改革的现状和具体探索。本书深入研究了碳排放权交易市场的免费分配方法、有偿分配方法及省域分配等碳排放配额分配方案，探讨了不同分配方案的优劣和适用条件。本书分析碳排放权交易市场的供给、需求和市场均衡，探究碳排放权交易市场的价格决定机制。本书分析碳排放权交易市场的覆盖行业、纳入门槛、配额分配方法、监测-报告-核查机制、履约机制、市场监管、注册登记系统和交易系统等，解析碳排放权交易市场的供给侧结构性改革的建设路径。本书分析碳排放权交易市场协同作用机制，探讨碳排放权交易市场体系的运行机制。

第三，评估我国碳排放权交易市场供给侧结构性改革的政策效果。本书依据经济增长理论，分析碳排放权交易市场供给侧结构性改革的影响机制，剖析碳排放权交易市场供给侧结构性改革引起的创新补偿、资源配置优化、产业结构改善和产业转型升级，分析碳排放权交易市场供给侧结构性改革的低碳技术创新效应与产业结构调整效应。本书归纳分析碳排放权交易市场供给侧结构性改革的命令型规制、市场型规制和激励型规制等，建立反事实的准自然实验，构建渐进双重差分模型，分析碳排放权交易市场供给侧结构性改革的政策效果。本书分析碳排放权交易市场供给侧结构性改革的作用传导机制，剖析碳排放权交易市场供给侧结构性改革的技术要素驱动效应和政策传导效应。

第四，分析碳排放权交易市场供给侧结构性改革的科技人才驱动效应。本书根据外部性理论、波特竞争优势理论和人才资本理论，辨析科技人才对碳排放权交易市场供给侧结构性改革的影响，探索绿色技术创新、高技术产业集聚和城镇化水平对碳排放权交易市场供给侧结构性改革的作用机理，剖析科技人才对碳排放权交易市场供给侧结构性改革的非线性效应和空间溢出效应。本书建立随机前沿模型测量碳排放效率，绘制核密度图描述碳排放效率的分布，观察碳排放权交易市场供给侧结构性改革效益的动态演变，运用空间自相关分析探究碳排放效率的整体变动态势和局部变动态势，明确碳排放权交易市场供给侧结构性改革效益的空间关联特性。本书根据科技人才对碳排放效率的影响机制和作用机理，构建面板回归模型、中介效应模型、门槛效应模型和空间杜宾模型等进行实证分析，从政府、企业、研究机构3个方面探索碳排放权交易市场供给侧结构性改革的科技人才驱动路径。

第五，分析我国碳排放权交易市场供给侧结构性改革的结构网络演变。本书辨析碳排放权交易市场供给侧结构性改革的特征，结合公共物品理论、外部性理论、产权理论、碳排放权交易理论、市场假说理论和成本收益理论，分析碳排放权交易市场供给侧结构性改革结构网络演化的内在逻辑，构建碳排放权交易市场供给侧结构性改革的引力模型。本书在引力模型分析框架下，测度碳排放权交易市场各试点的关联度，分析碳排放权交易市场试点关联度的演化，构建碳排放权交易市场试点关联网络，运用社会网络分析法进行碳排放权交易市场供给侧结构性改革的结构网络演化分析。本书利用网络密度解析关联网络联系程度的演化趋势，根据中间中心度的变化剖析整体网络的控制程度，结合接近中心度指标分析关联程度，运用核心-边缘结构探索碳排放权交易市场供给侧结构性改革结构的核心区和边缘区，根据网络的凝聚子群进行碳排放权交易市场供给侧结构性改革的聚类分析和内外部分析。

第六，开展碳排放权交易市场供给侧结构性改革的风险管理，探索我国碳排放权交易市场供给侧结构性改革的优化路径。本书从碳排放权交易市场的覆盖范围、碳配额分配、交易模式、履约机制、抵消机制、碳价和碳金融等角度解析我国碳排放权交易市场供给侧结构性改革的核心问题，剖析我国碳排放权交易市场供给侧结构性改革的核心问题，探讨碳排放权交易市场的计量检测和碳排放权交易市场失灵等风险，探索应对各类风险的方法，探索我国碳排放权交易市场供给侧结构性改革的优化路径。

1.3.2 创新之处

本书研究创新之处如下。

第一，构建我国碳排放权交易市场供给侧结构性改革政策演进与政策评估的分析框架。本书根据碳交易机制设计理论和绿色溢价理论，分析我国碳排放权交易市场供给侧结构性改革的命令型规制、市场型规制和激励型规制，建立反事实的准自然实验，评估我国碳排放权交易市场供给侧结构性改革的政策实施效果。

第二，构建我国碳排放权交易市场供给侧结构性改革的结构网络演化方法体系。本书构建引力模型，运用社会网络分析法进行我国碳排放权交易市场供给侧结构性改革的结构网络演化分析，运用核心-边缘结构探索我国碳排放权交易市场供给侧结构性改革结构的核心区和边缘区，使用凝聚子群进行我国碳排放权交易市场供给侧结构性改革的聚类分析和内外部分析。

第三，解析我国碳排放权交易市场供给侧结构性改革的优化路径。本书开展我国碳排放权交易市场供给侧结构性改革的风险管理研究，从碳排放权交易市场的覆盖范围、碳配额分配、交易模式、履约机制、抵消机制、碳价和碳金融等角度解析我国碳排放权交易市场供给侧结构性改革的核心问题，探索我国碳排放权交易市场供给侧结构性改革的优化路径。

第 2 章

碳排放权交易市场供给侧结构性
改革的理论分析

我国依据相关理论，开展了碳排放权交易市场供给侧结构性改革，将碳排放权商品化，发挥市场机制作用，解决气候问题。本章分析碳排放权交易市场的属性和内涵，按照公共物品理论、外部性理论、产权理论和市场失灵理论等剖析碳排放权交易市场的规律与特征，根据碳排放权交易理论、成本效益理论、碳交易机制设计理论和绿色溢价理论等探索碳排放权交易市场供给侧结构性改革的理论范式。

2.1 碳排放权交易市场的属性与内涵

碳排放权交易市场利用市场机制减少温室气体排放，设置碳排放权价格，激励企业和个人减少碳排放，为清洁能源和节能技术的发展提供资金支持。本章指明并分析碳排放权与碳交易、碳排放配额分配原则、碳排放权交易市场与碳金融之间的联系以及碳源与碳汇的属性与内涵，梳理碳排放权交易市场的基本特征，以有效应对气候变化。

2.1.1　碳排放权与碳交易

按照碳排放权的交易规则，各个国家可以将一定数额的碳排放量分配给碳排放主体，而碳排放主体得到碳排放权，拥有碳排放配额，获得法律赋予的排放温室气体的权利。

在碳交易过程中，碳排放权具有稀缺性、可交易性、排他性和可分割性等。从产权角度分析，在碳排放权交易市场中，根据碳排放权可以获得环境容量使用权，表现出稀缺性特征。环境容纳的资源总量是有限的，因此碳排放权会因供需关系而发生变化，碳排放权的稀缺程度也会发生变化。碳排放权是有价值的资产，可进入市场进行交易，具有可交易性特征。当碳排放量超过碳排放配额时，碳排放主体可以向具有额外碳排放配额的其他主体购买。参与碳交易的主体在享有的碳配额范围内拥有绝对的独占性和可支配性，表现出明显的排他性特征。利用碳交易，碳排放主体损失一定的经济效益和货币价值，获得碳排放权，补偿实际超额的碳排放量，可以在获得的额度内进行碳排放，其他交易主体被排除在外。各个国家把碳排放权分割成不同的额度，表现出可分割性特征。碳排放权交易市场的交易主体在无偿分配和有偿分配后进行的碳交易产生了可分割产品，推动了碳金融产品的产生。

根据碳交易机制，利用碳交易可控制温室气体的排放。碳排放权具有商品属性，可通过市场机制进行交易。这推动了碳排放权交易市场的形成与发展。在市场机制作用下，碳排放权可以按照预期价格进行交易。这展现出金融产品特性，有助于实现资源的有效配置。各个国家可评估资源承载量，依据一定的方式将碳排放权分配到各个企业，超过碳排放配额的企业还可以向有额外碳排放配额的企业购买碳排放配额，以一定的经济成本获得碳排放配额，并出售给企业获得额外收益，完成碳交易过程。

根据外部性理论，碳排放权交易市场利用市场经济控制温室气体排放，按照规制手段将碳排放纳入企业生产成本，实现负外部效应内部化，为解决环境的负外部性问题提供了新的思路。

2.1.2 碳排放配额分配原则

碳排放配额分配原则直接影响碳排放权交易市场运行过程的稳定和运行结果的效率，决定区域和行业的碳分配标准，与碳排放权交易量紧密相关，在碳排放权交易市场中发挥着重要作用，成为碳排放权交易市场的重要原则和基本逻辑。在碳排放权交易市场中，可以采用公平原则、效率原则以及公平与效率原则进行碳排放配额分配。

按照公平原则进行碳排放配额分配，即各个国家分配均等的碳排放配额。为了单纯追求经济的快速发展，各个国家排放了超额的温室气体，产生了负的外部效应，对环境造成了不利影响，导致气候问题恶化。不同国家完成工业化的时间不同，工业化发展阶段不同，历史温室气体排放量也不同。此外，不同国家的经济发展阶段不同，未来发展潜力不同，未来温室气体排放量也不同。按照公平原则，所有国家分配均等的碳排放配额，可能会加剧各国之间的经济不平等。从国家、地区、行业及企业各层面看，应合理分配碳排放配额，激励各方自主减排，促进各方履行约定，建立有效碳交易机制，激活碳排放权交易市场，而非仅仅依据公平原则进行分配。

按照效率原则进行碳排放配额分配，即利用市场作用这个"看不见的手"，合理配置资源，发挥最大的经济效益。按照碳排放配额分配原则，优化碳排放权的分配，降低减排成本，发挥市场机制作用，优胜劣汰，碳排放效率低、产业结构不合理的企业会被逐渐淘汰，促使企业利用先进的绿色低碳技术进行绿色转型，提高碳排放效率，优化企业结构，降低能源消耗，实现经济效益的最大化。

按照公平与效率原则进行碳排放配额分配要保证公平与效率，找到公平和效率的平衡点，这样可以获得广泛普遍的支持，有利于碳排放配额分配原则的有效落实，可促使各个国家加大人力和物力的投入，提高资源配置效率，更有效应对气候变化。各个国家的投入和获得的收益具有一定差距，应考虑碳排放配额分配原则的公平与效率。当一味追求公平而放弃效率时，无法满足各个国家经济持续发展的要求，难以激励各个国家的更大减排努力；当只追求效率却忽视公平时，各个国家之间的减排成本差距增大，无法吸引更多的主体参与到碳市场交易体系中，难以有效长期推行碳排放配额分配原则。因此，各个国家应综合考虑公平与效率原则，在激励减排和吸引更多主体参与之间找到平衡。

因此，可以采用以共同分担为原则的碳排放配额分配方案和以历史排放量为原则的碳排放配额分配方案。按照以共同分担为原则的分配方案，根据减排目标和排放限制人均趋同的标准进行碳排放配额的分配，忽略了公平性原则；按照以历史排放量为原则的分配方案，根据人均累计排放量进行碳排放配额的分配，强调了公平性原则。各个国家承担着经济发展和环境治理减排的双重责任，环境治理减排的力度与碳排放配额分配原则紧密相关。面对气候问题，合理的碳排放配额分配原则可以激励更多国家积极参与、齐心协力，减排效果更好，可实现绿色可持续发展。

在碳排放配额分配过程中，要考虑公平原则又要兼顾效率原则。只追求公平原则而忽略效率原则，参与主体的积极性会受到一定影响。公平与效率原则综合考虑了两个层面，可以分步骤进行碳排放配额分配。可首先按照公平原则进行碳排放配额分配，再根据效率原则进行调整。碳排放权交易市场主体按照公平原则进行碳排放配额初始的平等分配，依靠市场的有效运作，再按照效率原则解决各个国家之间的利益分配问题。按照公平原则，可以对不发达地区给予一定的补贴，或采用项目机制等方式进行补偿。在碳排放配额的两次分配中，兼顾了公平和效率原则，初次分配强调各个国家之间的平等权利，侧重公平性；而二次分配利用市场机制促进碳排放权的交易和合作，体现效率原则。

为保证公平的同时兼顾效率，应发挥市场机制作用，开展国家核证自愿减排量交易，即开展减排项目备案，再进行减排量备案，实施碳排放权交易市场试点，推动核证自愿减排量的产生和获得收益。应根据核证自愿减排量的碳排放权内在供求关系，建立核证自愿减排量的交易市场，利用市场机制推动碳排放权资源的利用度达到最大，实现环境资源合理配置。拥有核证自愿减排量的碳排放权后，企业可以通过市场进行出售转卖，从而获得收益，形成核证自愿减排量的碳减排价值。

2.1.3　碳排放权交易市场与碳金融

碳金融不断成熟和发展，产品持续丰富，逐渐成为碳排放权交易市场的重要组成部分。碳排放权交易市场的清洁发展机制可以促进发达国家与发展中国家的碳金融联系，但是，短期内构建统一的碳金融市场存在较大难度（陈波，刘铮，2010）。在不同的碳金融市场中，碳排放权价格呈现出一致性的特征和变化趋势。这可能是由于碳排放权价格随能源产品价格的波动而变化，且碳金融产品的价格波动也与各国经济发展状况有关（冯巍，2009）。发达国家是碳金融市场的重要参与者，在碳金融产品种类和交易量方面占据领先地位。随着碳排放权及其衍生品交易需求的增长，碳金融市场总体规模可能进一步扩大，呈现持续增长的趋势（徐琳，2010）。

碳金融涉及一系列低碳经济投融资活动，成为金融活动的新模块。碳金融的成熟和发展有助于减缓气候环境恶化。与碳减排相关的碳基金不断涌现，碳金融衍生品不断产生，碳排放权表现出金融属性，使碳金融的相关领域快速发展。目前，碳金融的含义和界定尚无统一定论，有关碳金融内涵的认识仍在不断丰富。世界银行认为，碳金融的起源与减少温室气体排放项目紧密相关，其交易以温室气体排放权为基础的资产，实现交易双方的碳排放权转移。欧洲复兴开发银行重点关注碳金融的融资功能，鼓励温室气体减排碳汇项目的投融资。很多研究人员仔细剖析碳金融的本质，探究碳金融的环境金融特性，在市场中进行交易，转移减排风险，完成减排目标（Sonia，Rodney，2009）。

碳金融维护气候公共利益，而非追求经济效益，表现出独有的特征。作为碳金融市场的重要创新金融工具，碳排放权及其衍生品推动了温室气体减排碳汇项目的投融资，使相关领域的风险投资增加，优化了清洁能源项目的长期和短期资本配置。碳金融强调了新的企业经营发展水平评估标准，对资本市场投资者的决策行为产生了影响。

2.1.4　碳源与碳汇

自然碳源具有多种形式，自然界的生物体、岩石、土壤和海洋可以通过各自的机理作用形式向大气排放二氧化碳。利用群落呼吸，生物体通过呼吸作用释放二氧化碳；凋落物经历物理、生物和化学分解，产生二氧化碳；土壤通过异养呼吸向大气释放二氧化碳；水体里的有机物分解，产生二氧化碳。

碳汇体现了森林吸收并储存二氧化碳的能力，自然碳源在自然界中通过吸收和储存二氧化碳，可以形成碳汇。植被通过光合作用将大气中的二氧化碳转化为有机碳，再通过腐殖质将碳传递给土壤储存。碳酸盐及其矿物在风化作用时消耗二氧化碳，岩石吸收储存碳汇。海洋通过物理溶解、碳酸盐沉积、生物介导等机制吸收固定二氧化碳。自然碳源与碳汇的形成过程如图 2-1 所示。

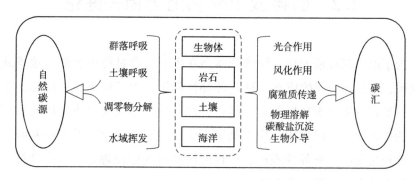

图 2-1　自然碳源与碳汇的形成过程

当没有人为干预时，自然碳源与碳汇组成的碳循环处于相对稳定的状态。能源活动、工业生产、农业生产、土地利用和废弃物处置等人类生产生活活动也会产生二氧化碳，形成人为碳源或社会碳源。

碳排放权交易市场可以利用经济手段影响碳源和碳汇水平。作为碳循环的重要组成部分，碳源和碳汇之间的容积差决定了大气中的碳含量水平。当碳排放量持续超过碳积存量时，大气碳含量水平提高，导致气温上升，引发一系列气候变化问题。当碳排放量与碳积存量达到平衡时，大气碳含量水平保持稳定，处于碳中和状态。因此，实现碳源与碳汇的动态平衡成为控制由温室气体引起的温度上升和应对气候变化的关键。

在碳源和碳汇动态平衡的过程中，采取减少碳源和增强碳汇的策略，可有助于实现碳中和目标。应利用人为的干预手段，开展生态修复和环境改造，加强系统规划，降低温室气体的排放，提升温室气体吸收效率。国家、企业和个人应共同努力，协同推进，减少碳源，增加碳汇，达到碳中和目标。国家制定和实施了相关的政策与法规，引导和限制企业和个人的碳排放行为，发挥了重要作用。此外，应建设低碳社区和城市，推动低碳生产模式和生活方式的普及，增加碳汇项目的投资与保护，增强生态系统的碳固定功能。企业应优化生产流程，采用可再生能源，实施循环经济策略，实现减少碳排放的目标，积极参与生态环境的修复和保护工作。个人可采取低碳生活方式，减少能源消耗和废物产生，有效降低碳排放。

2.2　碳排放权交易市场相关理论

为了追求利益最大化，经济个体会在生产经营过程中无限制地排放二氧化碳，增加环境保护成本，存在外部性问题。为了解决这一问题，以碳排放权形式将把生态环境要素商品化，并通过法律强制力将其形成稀缺性商品的措施得到广泛应用，这也奠定了碳排放权交易市场的理论基础。按照公共物品理论、外部性理论、产权理论和市场假说理论，本章分析了碳排放权交易市场的理论演变过程。

2.2.1　公共物品理论

根据公共物品理论，可将碳排放权交易市场的碳排放权看作公共物品，分析各个经济主体的效用。公共物品由社会成员共同使用，满足社会成员的必要需求，对公共物品的使用符合社会成员的利益。公共物品来源于"集体消费品"概念，具有"消费上的非竞争性"和"消费上的非排他性"（Samuelson，1954）特点。与公共物品相对应，私人物品可以分割，被不同个体按照竞争价格购买，不同个体对私人物品的消费不会为其他个体带来外部效应，而公共物品是不可分割的，当某一个体消费公共物品时，其他个体对该公共物品的消费并不会减少。

根据竞争性、排他性、非竞争性和非排他性特征，公共物品在不增加成本的条件下可以继续增加消费者消费数量，具有非竞争性和非排他性特征，私人物品具有竞争性和排他性特征，自然垄断资源具有非竞争性和排他性特征，准公共物品具有竞争性和非排他性特征（Barzel，1969；Demsetz，1970；Mankiw，1998）。在碳排放权交易市场中，容易交易且不收费的碳交易产品是公共物品，不容易交易且收费的碳交易产品是私人物品，容易交易且收费的碳交易产品是自然垄断资源，不容易交易且不收费的碳交易产品是准公共物品。

公共物品在一定程度上代表了社会成员的共同需求，具有非排他性、非竞争性、不可分割性和不可拒绝性等特征。其中，公共物品具有非排他性，无法限制他人消费和使用。对于消费者来说，不论是否为公共物品付出了代价，都可以从中获益。所有消费者能够从公共物品消费中获益，排除消费公共物品时不支付费用的个体，在技术上不可行，在经济上不合算。公共物品具有非竞争性，许多人可以同时消费和占用公共物品。当某一个体对公共物品进行消费时，其他个体对该公共物品的消费数量不会减少，消费质量也不会降低。消费者消费公共物品，可以在成本不变的条件下继续增加消费数量，不存在"拥挤效应"，但每个人消费公共物品并不会获得同样的利益。公共物品具有不可分割性，其面向社会全体成员提供，全体成员共同受益，联合消费，不按照"谁付费、谁消费"原则，不仅仅供付款人使用。公共物品具有不可拒绝性，一个人不可能拒绝使用某种已经被提供的公共物品，通常不得不接受公共物品。其中，非排他性和非竞争性体现了公共物品最基本的特性，不可分割性和不可拒绝性表现为公共物品非排他性和非竞争性的自然衍生。

公共物品的提供不以营利为目的，惠及全体社会成员。为使公共物品的使用效率达到最高，应尽可能让每一位社会成员在消费公共物品时所享受到的效用达到最大，实现供需平衡。在公共物品的消费中，每一位社会成员在消费中均会获得相同的效用。当社会成员对公共物品消费的需求量增加时，产生拥挤效应，导致拥挤系数增加，物品类型发生改变，变为准公共物品，每一位社会成员获得的效用仍旧相等，但是均会减少。

下面按照公共物品理论，从数理角度分析碳排放权交易市场。在碳排放权交易市场中，若碳排放权是公共物品，碳排放权的个体平均效用与需求量的函数采用常值函数形式：

$$y = 1, x \in (0, \infty) \qquad (2-1)$$

其中，x 表示碳排放权需求量，y 表示碳排放权的个体平均效用。当每位个体的平均效用达到最大时，碳排放权效用实现线性增长，碳排放权的供给量随着需求量的增加而增加。在实际中，若碳排放权供给量不变，随着碳排放权需求量增加，拥挤系数会增加，只有当碳排放权的供给量大于需求量时才能被视为公共物品。若碳排放权供给量为 m，当 $x \leq m$ 时，碳排放权的个体平均效用为 $y=1$，当 $x>m$ 时，拥挤系数随之增加，碳排放权被视为准公共物品，碳排放权的个体平均效用随之减少，而且不是以线性函数形式减少。此时，碳排放权的个体平均效用与需求量的函数会介于常值函数 $y=1$ 与线性函数 $y=-\dfrac{1}{n+1}$ 之间，同时满足 $y'(x)>0$、$y''(x)<0$ 的条件。当碳排放权供给量为定值，超出碳排放权需求量的需求量值取到极大值 n 时，碳排放权的个体平均效用趋近于 0。

在公共物品资源配置方面，不同物品可以分成不同的类别，所面临的问题也各不相同。研究人员进一步提出了纯公共物品理论与合作成员理论，以解决公共物品资源配置问题。在纯公共物品理论中，经济个体对纯私人物品消费时的效用函数可以表示为

$$U^i = U^i(x_1^i, x_2^i, \cdots, x_n^i) \qquad (2-2)$$

其中，U^i 表示经济个体 i 对纯私人物品消费时的效用函数，$x_1^i, x_2^i, \cdots, x_n^i$ 表示经济个体 i 所消费的 n 种纯私人物品。

在上述函数假定基础上，结合纯公共物品与纯私人物品的特点，可将该效用函数进行拓展，并表示为

$$U^i = U^i(x_1^i, x_2^i, \cdots, x_n^i, x_{n+1}^i, \cdots, x_{n+m}^i) \qquad (2-3)$$

其中，$x_1^i, x_2^i, \cdots x_n^i, x_{n+1}^i, \cdots, x_{n+m}^i$ 表示经济个体 i 所消费的 m 种纯私人物品。

在讨论公共物品资源配置问题时，由于物品所属类型不同，实现帕累

托最优状态的配置方式也存在较大差异，因此，首先要明确物品所属的类型。如果物品类型为公共物品，往往可以经过社会成员的投票协商实现帕累托最优状态；如果物品类型为私人物品，则需要借助市场机制作用实现帕累托最优状态。

在效用函数基础之上，合作成员理论中又引入"俱乐部规模"这一变量，结合包括纯私人物品、纯公共物品与混合物品在内的俱乐部物品的特征将该效用函数拓展为

$$U^i = U^i \left[(x_1^i, N_1^i), (x_2^i, N_2^i), \cdots (x_n^i, N_n^1), (x_{n+1}^i, N_{n+1}^i), \cdots (x_{n+m}^i, N_{n+m}^i) \right]$$

$$(2-4)$$

同理，可以得到俱乐部物品的生产成本函数：

$$F^i = F^i \left[(x_1^i, N_1^i), (x_2^i, N_2^i), \cdots (x_n^i, N_n^1), (x_{n+1}^i, N_{n+1}^i), \cdots (x_{n+m}^i, N_{n+m}^i) \right]$$

$$(2-5)$$

根据经济学原理，对于俱乐部物品而言，实现资源配置的帕累托最优状态需要满足以下两个条件：①经济个体 i 消费单位俱乐部物品 j 和 r 时的边际替代率与此时的边际转换率相等。②经济个体 i 消费规模为 N 的俱乐部物品 j 和 r 时的边际替代率与此时的边际转换率相等。即

$$\begin{cases} \dfrac{u_j^i}{u_r^i} = \dfrac{f_j^i}{f_r^i} \\[2mm] \dfrac{u_{Nj}^i}{u_r^i} = \dfrac{f_{Nj}^i}{f_r^i} \end{cases} \qquad (2-6)$$

根据公共物品资源配置理论，如何分配公共物品使公共物品供给效率达到最优这一问题又引起人们的思考。根据帕累托效率原理，可以通过公共物品有效供给的边际条件，在一定程度上判断公共物品供给效率是否达到最优，根据集体决策规则中的一致同意规则，解决在公共物品供给中存在的"搭便车"问题，使公共物品供给效率达到最优。

在公共物品理论中，公共物品供给效率达到最优说明资源配置达到帕累托最优状态；公共物品资源配置未达到帕累托最优状态说明公共物品供给效率低下。为了分析碳排放权交易市场的碳排放权分配效率，假定在碳排放权交易市场中，对于享有碳排放权的个体，从一种碳排放权分配状态 A

到另一种碳排放权分配状态 B 的变化中，在没有使任何享有碳排放权的个体境况变坏的前提下，使得至少一个享有碳排放权的个体变得更好，此时碳排放权分配状态为帕累托最优状态，碳排放权分配效率达到最优。

如果将产品 X 的产量变动表示为 ΔX，将产品 Y 的产量变动表示为 ΔY，则这两种产品产量变动比率的绝对值的极限代表产品 X 对产品 Y 的边际转换率（MRT），即

$$MRT = \lim_{\Delta X \to 0} \left| \frac{\Delta Y}{\Delta X} \right| = \left| \frac{dY}{dX} \right| \qquad (2-7)$$

从交换角度出发，如果对所有消费者来说，任何两种产品的边际替代率都相等，产品交换达到最优条件，即

$$MRS_{XY}^{A} = MRS_{XY}^{B} \qquad (2-8)$$

其中，A 和 B 分别代表任意两个消费者。

从生产角度出发，如果对所有生产者来说都满足任何两种要素的边际技术替代率都相等这一条件，产品生产达到最优条件，即

$$MRTS_{LK}^{C} = MRS_{LK}^{D} \qquad (2-9)$$

其中，L 和 K 分别代表任意两种要素，C 和 D 分别代表任意两个生产者。

同时考虑生产和交换，如果满足任何两种产品的边际替代率与边际转换率相等，产品生产和交换均达到最优条件，即

$$MRS_{XY} = MRT_{XY} \qquad (2-10)$$

其中，X 和 Y 分别代表任意两种产品。

如果同时满足上述 3 个边际条件，整个经济达到帕累托最优状态。根据福利经济学定理，在碳排放权交易市场中，确定一定的条件，明确合理的碳排放权价格，在市场机制作用下可以达到均衡状态，此时碳排放权分配状态为帕累托最优状态，碳排放权分配效率达到最优。

当社会成员对某种公共物品的交易进行决策时，首先要确定应该按照怎样的决策规则进行交易，因为按照不同的决策规则进行交易时所得到的公共物品供给效率不同。集体决策与个人决策不同，集体决策中涉及多个社会成员，成员之间会相互影响，这意味着集体决策中的每位社会成员会面临两种成本：外部成本和决策成本。在集体决策中，如果社会成员 A 对某一决策持否定态度，而社会成员 B、C、D 对该决策持肯定态度，则社会

成员 A 会受到其他三者的"强制"，即外部成本。在集体决策中，如果社会成员之间想实现对某一决策的意见统一，需要进行沟通、互相让步，意见才能达成一致，形成决策成本。

为了分析碳排放权交易市场中碳排放权交易的集体决策规则的选择，如果碳排放权交易市场中的全部个体总数为 N，对某一决策持肯定态度的个体数为 N_a，且 $1 \leq N_a \leq N$，如果想要按照一致同意规则进行碳排放权交易，则意味着 $N_a = N$。由于碳排放权交易市场中的每位个体面临的外部成本会随着同意某个决策规则的个体数增多而递减，因此当 $N_a = N$ 时，即按照一致同意规则进行碳排放权交易时，外部成本为零，此时碳排放权交易市场中的个体完全不受其他个体的强制。而碳排放权交易市场中的每位个体面临的决策成本会随着同意某个决策规则的个体数增多而递增，由于对某个决策表示同意的个体数越多，彼此之间相互沟通和相互让步的成本越高，因此，当 $N_a = 1$ 时，即只有一位个体对该决策持肯定态度时，决策成本为零。在碳排放权交易市场中，如果将个体 i 面临的外部成本与决策成本分别写成 N_a 的函数，则构建外部成本函数：

$$C_i = f(N_a) \qquad i = 1, 2\cdots, N, 1 \leq N_a \leq N \qquad (2-11)$$

构建决策成本函数：

$$D_i = g(N_a) \qquad i = 1, 2\cdots, N, 1 \leq N_a \leq N \qquad (2-12)$$

由上述分析可知，在碳排放权交易市场中，$C_i \leq 0$，$D_i \geq 0$。碳排放权交易市场中的个体 i 面临的总成本为 $C_i + D_i$。对于每位个体来说，在碳排放权交易中进行决策规则选择时，总是想保证自身面临的总成本 $C_i + D_i$ 是最小的。根据构建的外部成本函数与决策成本函数可知，当总成本 $C_i + D_i$ 最小时，$1 < N_a < N$。如果在碳排放权交易中不存在决策成本，即 $D_i = 0$，此时若要使总成本 $C_i + D_i$ 最小，选择一致同意规则才是最优决策规则，即 $N_a = N$。然而，在实际中，碳排放权交易时不可避免地会存在决策成本，此时一致同意规则就不再是最优决策规则，要满足 $N_a < N$。

在碳排放权交易市场中，碳排放权的公共物品属性来源于大气环境。大气环境是典型的萨氏意义上的公共物品，看作纯公共物品，具有公共物品的所有特性。碳排放权也具有公共物品的非排他性与非竞争性特征。某一个体（企业或个人）拥有大气环境的碳排放权，并不妨碍其他碳排放者的排放，碳排放者之间的碳排放行为不是相互排斥的，碳减排者的减排行为也不妨碍其他碳减排者采取改善保护大气环境的措施。某一个体（企业或个人）产生过度的碳排放行为，并不会造成其他碳排放者碳排放成本的上升。即使大气环境中的二氧化碳已经饱和，其他碳排放者依然可以根据自己的意愿等量地或者不受限制地继续排放。对于碳减排者所带来的碳减排效用，其他碳减排者可以不付出任何代价等量地或者不受限制地享用或消费。

2.2.2　外部性理论

本小节根据外部性理论，利用碳排放权交易市场解决外部性问题，分析各个经济主体的偏好和效用。外部性理论来源于"外部经济"概念，是微观经济学中市场失灵的代表性理论。根据外部性理论，物品的生产规模扩大和经济扩张产生内部经济和外部经济。当企业员工的工作热情提升、技能水平提高、企业工作设备优化或者企业管理水平提高时，物品的生产规模扩大，生产费用减少，产生内部经济。当企业生产某种物品所需材料的供应商和销售商与企业的地理位置距离更近，某物品的市场容量扩大或者其他有竞争的企业的发展水平较低时，物品的生产规模扩大，生产费用也会减少，存在外部经济。

外部经济理论不断扩充，产生了私人边际成本和社会边际成本等概念。在生产活动中，当私人边际收益等于社会边际收益时，在私人边际净产值之外，其他人既没有额外获得收益也没有额外承担损失，产品价格等于边际成本，资源配置达到帕累托最优状态。在私人边际净产值之外，其他人额外获得收益或者额外承担损失，私人边际收益与社会边际收益存在差异，私人边际成本和社会边际成本也不相等，存在外部性，资源配置未达到最优状态。

经济主体除了通过自身经济活动获得利益外，还从其他经济主体的经济活动中获得利益，没有向其他经济主体支付报酬，或者经济主体的利益受到其他经济主体的经济活动的损害，经济主体并没有向其他经济主体索要赔偿，存在外部效应，用数学函数可描述为

$$F_j = F(X_j^1, X_j^2, X_j^3, \cdots, X_j^m, X_i^n) \qquad i \neq j \qquad (2-13)$$

其中，F_j 表示经济主体 j 的生产函数，X_j 表示经济主体 j 的某种经济活动，X_i 表示其他经济主体的经济活动。如果一个经济主体的经济活动对其他经济主体来说是有利的，但是又无法向其他经济主体要求报酬，则 X_i^n 给经济主体 j 带来正向收益，存在正外部性和外部经济。反之，如果一个经济主体的经济活动对其他经济主体来说是有害的，但是又不会为其他经济主体的损失付出代价，则 X_i^n 给经济主体 j 带来损失，存在负外部性。

研究人员从外部性的产生主体与接受主体两个不同的角度分析外部性特征。从产生主体角度出发，如果一个经济主体的经济活动为其他经济主体的经济活动带来了不可补偿的损失或不可获得报酬的利益，则存在外部性。从接受主体角度出发，如果一个经济主体某种行为的收益或成本在决策者考虑范围之外，则拉低经济活动效率，存在外部性。

外部性由企业或个人的经济行为或活动引起，表现为经济行为或活动对其他企业或个人的影响。这种行为或活动普遍存在，可能发生在人与人之间，也可能发生在企业与人或企业与企业之间，当然也可能发生在人与自然或企业与自然之间。外部性代表一种外侵的、强加的影响，是强势（主动）一方给弱势（被动）一方所带来的损害或益处。在许多情况下，某些相关利益者被排斥在决策过程或行为活动之外，不管他们是否愿意，都会被迫承担该决策的后果。因此，外部性是以当事各方是否同意为判定标准的，外部性是当事各方不同意的情况下产生的。产生外部性的行为是一种互动行为，既有外部性产生主体，也有外部性接受主体，否则就不会存在外部性。这种互动性表现为外部性的产生主体与接受主体之间成本或收益的相互性，一个企业或个人的成本可能是另一个企业或个人的收益，一个企业或个人的成本可能也是另一个企业或个人的成本。

如果当事双方或各方相互具有福利意义的影响，表现出可察觉性，则存在外部性问题。需结合当事双方的价值判断和所处条件，进一步判断是外部经济还是外部不经济。不同的经济收入、社会地位和价值取向必然会影响到外部性的可察觉性，因此，解决外部性问题要充分考虑其影响范围和影响程度。外部性是一种有意或无意的伴随效应，是行为或活动的衍生品或附属品，本源性、原发性、预谋性的影响不属于外部性。有意是基于机会主义和自我利益的有意识行为，而无意是经济活动不得不产生的、非故意的效应溢出。外部性取决于行为者的经济理性，与实施外部性行为的有意或无意无关，不论是有意为之还是无意为之，都可能产生外部性。

在碳排放权交易市场中，企业获得的经济收益由企业独享，但生产经营期间产生的碳排放污染需要整个社会承担。这导致边际社会净产值小于边际私人净产值，产生了环境问题的"外部不经济"，产生负外部性。在碳排放权交易市场中，经济主体的经济活动对其他经济主体的影响不是基于价格的交换，企业在生产过程中产生的负外部性很难通过市场体现出来。经济主体追求自身利益最大化，可以从效用函数角度分析外部性。

为了分析碳排放权交易市场的碳排放权交易，假定碳排放权交易市场中某个经济主体对碳排放权的消费数量为 Q，则该经济主体的总效用函数为

$$\mathrm{TU} = f(Q) \tag{2-14}$$

该经济主体相应的边际效用函数为

$$\mathrm{MU} = \frac{\Delta \mathrm{TU}(Q)}{\Delta Q} \tag{2-15}$$

当碳排放权消费数量的增加量趋于无穷小，即 $\Delta Q \to 0$ 时，有

$$\mathrm{MU} = \lim_{\Delta Q \to 0} \frac{\Delta \mathrm{TU}(Q)}{\Delta Q} = \frac{\mathrm{dTU}(Q)}{\mathrm{d}Q} \tag{2-16}$$

根据上述分析可知，在碳排放权交易市场中，当一个经济主体对碳排放权消费的边际效用为 0 时，该经济主体的总效用达到最大，此时得到的碳排放权消费量为一个临界值。如果该经济主体继续增加碳排放权消费量，总效用反而会降低，并且会在生产经营过程中产生过多的碳排放，产生环境问题的负外部性。

在微观经济学理论中，消费者往往会同时对多种商品进行消费，并且会获得一定的满足程度，这种满足程度可以用效用函数表示。而消费者在对多种商品进行消费时，当所消费的商品组合之间的数量不同时，消费者获得的效用也会相应地发生变化，这种变化可以用边际效用函数表示。

企业在生产经营过程中会对多种商品进行消费，此时效用函数表示为

$$U = f(X_1, X_2, \cdots, X_n) \tag{2-17}$$

其中，$X_1, \cdots, X_n$ 分别代表企业在生产经营过程中对这 n 种商品的消费数量，U

表示这样的消费组合能够带给消费者的满足程度，用于体现消费者的特定偏好，若对于 $(x_1, x_2, \cdots, x_n)$ 的偏好超过对于 $(y_1, y_2, \cdots, y_n)$ 的偏好，意味着当且仅当 $(x_1, x_2, \cdots, x_n) > (y_1, y_2, \cdots, y_n)$ 时，$u(x_1, x_2, \cdots, x_n) > u(y_1, y_2, \cdots, y_n)$。效用函数关于 X_i 的一阶偏导 $\dfrac{\partial U(\cdot)}{\partial X_i}$ 叫作 X_i 的边际效用，意味着在企业在生产经营过程中，在对其他商品的消费数量不变的情况下，对商品 X_i 的消费数量每增加一个单位，企业所获得的效用的增量。

如果企业获得的效用水平保持不变，在生产经营过程中增加一个单位对商品 A 的消费数量，需要减少的对商品 B 的消费数量即为商品的边际替代率。商品 A 对商品 B 的边际替代率可以表示为

$$MRS_{AB} = -\frac{\Delta X_B}{\Delta X_A} \qquad (2-18)$$

其中，ΔX_A 和 ΔX_B 分别为商品 A 和商品 B 的变化量。由于 ΔX_A 表示对商品 A 消费数量的增加量，ΔX_B 表示对商品 B 消费数量的减少量，为保证商品 A 对商品 B 的边际替代率的计算结果是正值，便于比较，在公式中加入负号。

当企业在生产经营过程中对商品 A 消费数量的变化趋于无穷小时，商品 A 对商品 B 的边际替代率可以表示为

$$MRS_{AB} = \lim_{\Delta X_A \to 0} -\frac{\Delta X_B}{\Delta X_A} = -\frac{dX_B}{dX_A} \qquad (2-19)$$

碳排放权的负外部性是典型的跨国或跨境负外部性，既影响本国或本地区的大气环境，也影响其他国家或地区的大气环境。碳排放权的负外部性既有代内外部性问题也有代际外部性问题，后者更为关键。代内人与代外人独立存在，两者之间不存在直接的制度安排以协调他们之间的利益关系，前代对当代和当代对后代的不利影响难以通过未来对权益的主张来弥补或消除，即使能够做到，交易成本也会无限大。基于经济学视角，碳排放主体忽略了自身经济行为的外部成本，追求自主利益与效用最大化，无限制地排放二氧化碳，增加环境保护成本。碳排放权交易市场通过为碳排放权定价，使得碳排放成本内部化，激励企业和个人减少碳排放，进而有助于解决碳排放的负外部性问题。

2.2.3 产权理论

本小节根据产权理论，通过关注资源如何达到最优配置，分析经济主体的效益和社会福利，在解决外部不经济问题时，将经济主体的某种经济活动视为一种权利，通过制度安排明确各经济主体所拥有的权利。发挥市场机制作用可使明确后的权利自由交换，激励经济主体提高生产经营效率，追求利益最大化。在产权分配过程中，应考虑资源配置是否有效这一问题。在理想状态下，当经济主体在生产经营过程中的某种经济活动的交易费用很小，甚至可以忽略不计时，即使不进行产权界定，在市场机制作用下也会实现帕累托最优状态。在理想状态下，资源配置始终是有效的。而在实际情况下，经济主体在生产经营过程中的某种经济活动的交易费用并不为零，应通过制度安排明确界定产权，选择合适的政策以便尽可能地提高资源配置效率。当调整后的收益高于交易费用时，经济个体才有动力进行调整。

按照产权理论，交易成本理论等理论可以发挥更大效益。公共物品资源相对于人的欲望来说总是有限的，个体对公共物品的无限制消费会产生公地悲剧问题。在市场中，经济个体为了实现某一共同目标，需要付出一定的代价，付出交易成本。根据交易成本理论，公共物品的使用被视为一种权利，公共物品使用权像其他商品一样，可以在市场中通过市场机制的作用确定交易价格，进行自由交易。把使用公共物品时给社会带来的成本转化为经济主体的成本，可在一定程度上促使每位经济个体都承担一部分公共物品供给的压力，有效避免公共物品消费的外部性问题。

根据产权理论，碳排放权交易市场可以明确产权，实现资源配置的帕累托最优状态，降低碳排放权交易市场中各经济主体的交易成本，有效解决碳排放权交易市场中存在的外部性与搭便车问题。碳排放权的产生意味着经济个体对环境这一公共资源的使用权利私有化，产权明确清晰。将碳排放权视为可以在市场中自由交换与分配的商品，可限制经济个体无限制的碳排放行为，把碳排放对环境造成的污染通过产权设定内化为经济个体的成本，激励经济个体减少碳排放，提高碳排放权交易市场中的资源配置效率，达到市场均衡，最终实现社会整体经济利益增加，保护和优化大气环境。在碳排放权交易过程中，需要选择合适的碳排放权交易制度以降低交易成本，提高资源配置效率，实现帕累托最优状态，有效减少外部性问题，提高经济活动效率和社会福利。

经济个体的经济活动效率在一定程度上可体现在对社会福利的影响上。社会福利会受到多种因素的影响，通过定性分析可以得到社会福利函数的形式，该函数代表着社会中所有成员的效用水平，社会福利函数取值最大时，社会福利最高。

为了分析碳排放权交易市场中碳排放权交易对社会福利的影响，在碳排放权交易市场中，如果只有两个经济主体，社会福利函数 W 可以写成

$$W = W(U_A, U_B) \tag{2-20}$$

根据式（2-20），在碳排放权交易市场中，任意给定两个经济主体的效用水平组合 (U_A, U_B) 可以唯一确定相对应的社会福利水平 W。如果将社会福利水平看作一个固定值，令 $W = W_1$，则在碳排放权交易市场中，当社会福利水平为 W_1 时，两个经济主体之间效用水平 U_A 和 U_B 的关系表示为

$$W_1 = W(U_A, U_B) \tag{2-21}$$

在碳排放权交易市场中，根据已知的社会福利函数，能够确定社会福利取最大值时即经济主体的经济活动效率最高时的状态。但是，社会福利函数有不同的形式和最优状态，需根据具体的环境、制度等影响因素分类讨论。

为分析碳排放权交易市场中碳排放权交易对社会福利的影响，假定每个社会都只由两个经济主体组成。在碳排放权交易市场中，如果社会强调的是两个经济主体的效用总和，而并不关注这两个经济主体的分配问题，社会福利函数就可以写成加法形式，称为加法型社会福利函数：

$$W(x) = U_A(x) + U_B(x) \tag{2-22}$$

其中，x 表示经济主体所消费的碳排放权数量，$W(x)$ 表示社会福利，它等于碳排放权交易市场中经济主体 A 的效用 U_A 加上经济主体 B 的效用 U_B。加法型社会福利中社会福利的大小只取决于经济主体的效用总和，而与经济主体的分配无关，在碳排放权交易市场中，拥有碳排放权多的经济个体的效用的增加与拥有碳排放权少的经济个体的效用的增加对社会福利增加的贡献相同。

在碳排放权交易市场中，如果社会强调的不是两个经济主体的效用总和，而是这两个经济主体的分配问题，社会福利函数就可以写成乘法形式，称为乘法型社会福利函数：

$$W(x) = U_A(x)U_B(x) \qquad (2-23)$$

乘法型社会福利函数表明，当碳排放权交易市场中两个经济主体的效用总量确定时，两者之间的碳排放权分配越平等社会福利越大，二者之间的碳排放权分配越不平等社会福利越小。

在碳排放权交易市场中，如果社会强调的是提高效用水平低的经济主体的效用，社会福利函数称为罗尔斯社会福利函数，可以表示为

$$W = \min(U_A, U_B) \qquad (2-24)$$

基于经济学视角，在碳排放权交易市场中，不同的社会福利函数形式所对应的社会最优状态也不相同。从效率角度分析，3 种情形下的社会最优状态均达到帕累托最优状态，但是从分配角度分析，3 种情形下的社会最优状态经济主体之间存在不平等性。由于碳排放主体总是追求自身利益与效用的最大化，往往会使得经济活动的实际碳排放量高于帕累托最优水平，这导致社会总福利的损失。产权理论下的碳排放权交易激励了经济主体自主降低减排成本，提高了经济主体的减排效率和社会效益，使资源配置实现帕累托最优状态，社会福利达到最优状态。

2.2.4　市场假说理论

采用有效市场假说和分形市场假说，可以分析碳排放权交易市场的市场有效性。在碳排放权交易市场中，有效市场假说认为，如果市场法制健全，市场运行良好，那么市场价格及其走势可以体现出当前和未来一切有价值的信息。如果一个市场的价格能够反映可以获得的全部信息，则表明这个市场是有效的。在碳排放权交易市场中，所有经济个体都能够获得免费且全面的信息，在碳排放权交易过程中不存在交易成本问题，此时碳排放权交易市场是有效市场。但是在碳排放权交易市场中，由于碳排放权价格对市场信息的反应程度不同，可以进一步将碳交易有效市场划分为碳交易强式有效市场、碳交易半强式有效市场和碳交易弱式有效市场等形态。

在碳交易弱式有效市场中，碳排放权价格是随机游走的，无法根据前期的碳排放权价格水平去推测未来碳排放权价格变化趋势。在碳交易半强式有效市场中，碳排放权价格所反映的信息更加全面，可以反映碳排放权交易市场的相关信息以及碳排放权交易市场之外的公开信息，也可以反映碳排放权交易市场中各个经济主体的财务报表，因此碳交易半强式有效市场的效率比碳交易弱式有效市场的效率高。碳交易强式有效市场是碳交易有效市场 3 种形态中效率最高的一种市场形态，碳排放权价格所反映的信息涉及面更广，包括所有公开与未公开的信息，但碳交易强式有效市场情况只有在理想状态下才能出现，在实际中碳交易强式有效市场很难实现。

根据分形市场假说，碳排放权交易市场价格并不是随机游走的，而是存在一定偏倚的。在碳排放权交易市场中，所有经济个体进行碳排放权交易的时间存在差异，不同经济个体对于碳排放权交易市场所反映信息的认知存在差异，因此会作出不同的决策，作出决策所用的时间也不同，个别经济个体对于市场信息的接收与反应是滞后的。碳排放权交易市场的分形市场理论更符合实际生活中的复杂情况。

根据布朗运动理论，可以检验有效市场。在有效市场中，市场价格波动服从布朗运动。为了分析碳排放权交易市场的碳排放权价格，如果碳排放权价格随时间变动的序列 $\{P_t\}$ 是一个随机游走序列，并且满足如下关系式：

$$P_{t+1} = P_t + \varepsilon_{t+1} \qquad (2-25)$$

其中，$\{\varepsilon_t\}$ 是白噪声序列，则在 t 时刻，$t+1$ 时刻碳排放权价格的影响因素包括 t 时刻的碳排放权价格和 $t+1$ 时刻的信息 ε_{t+1}，碳排放权价格波动无法预测，因此碳排放权交易市场是有效市场。

检验分形市场理论的思想同样受到布朗运动理论的影响。用布朗运动理论描述碳排放权交易市场波动，结合热力学第二定律可知：

$$dS = d_e S + d_i S \qquad (2-26)$$

其中，dS 为碳交易系统总熵，$d_e S$ 为外界给碳交易系统注入的熵，可能为正值、负值或零，$d_i S$ 为碳交易系统内部熵，$d_i S \geq 0$。如果 $d_e S = 0$，表明此时碳交易系统是孤立的，不与外界发生各种形式的交流。而当 $d_e S < 0$ 且足够强时，$d_e S + d_i S < 0$，碳交易系统的总熵会减少，碳交易系统由无序状态转变为

相对有序状态。

在分形市场假说中，往往借助 H 指数对碳排放权交易市场的有效性进行分析，具体过程如下。

将样本序列 $\{r_t\}$（$t = 1, 2, \cdots, N$）分为 A 个长度为 n 的子序列，子序列的均值、极值与标准差分别为

$$\bar{x} = \frac{1}{n} \sum_{i=1}^{n} r_i \qquad (2 - 27)$$

$$R(n) = \max_{1 \leqslant k \leqslant n} \sum_{k=1}^{k} (r_i - \bar{x}) - \min_{1 \leqslant k \leqslant n} \sum_{j=1}^{k} (r_j - \bar{x}) \qquad (2 - 28)$$

$$S(n) = \sqrt{\frac{1}{n} \sum_{i=1}^{n} (r_i - \bar{x})^2} \qquad (2 - 29)$$

计算出每个子序列的重标极差 $R(n)/S(n)$，求出 A 个重标极差的均值，得到 A 个长度为 n 的重标极差值 $(R/S)_n$。重复上述步骤，调整子序列长度 n 和划分次数，得到一系列 n 与重标极差值 $(R/S)_n$，则有

$$\ln(R/S)_n = \ln C + H \ln n \qquad (2 - 30)$$

其中，C 为常数，根据 H 指数的大小，碳排放权交易市场的有效性可分为以下 3 种情况：①当 $H = 0.5$ 时，表明碳排放权交易市场为弱式有效，碳排放权价格是符合随机游走的。②当 $0.5 < H < 1$ 时，表明碳排放权交易市场不符合弱式有效条件，此时碳排放权价格的时间序列数据存在长记忆性，并且前一阶段的碳排放权价格和后一阶段的碳排放权价格之间呈正相关关系。③当 $0 < H < 0.5$ 时，碳排放权价格的时间序列数据不存在长记忆性，但是前一阶段的碳排放权价格和后一阶段的碳排放权价格之间呈负相关关系。通常情况下，H 值在 $[0.45, 0.5]$ 的区间内表明碳排放权交易市场近似为弱式有效。

2.3 碳排放权交易市场供给侧结构性 改革的理论基础

本节根据碳排放权交易理论、成本收益理论、碳交易机制设计理论和绿色溢价理论，探讨如何推动碳排放权交易市场供给侧结构性改革，有效

利用市场价格机制，增加有效供给，实现资源有效配置。

2.3.1　碳排放权交易理论

根据碳排放权交易理论，可利用碳排放权交易市场有效治理环境污染问题。当社会污染物排放总量确定时，可以统一分配各个企业的污染物排放量。按照碳排放权交易理论，污染物排放行为表现为私人权利，利用商品的市场机制确定其价格，在市场上自由交换。有排污需求的企业可以购买排污权，这导致企业生产成本提高。因此，设立排污权可以激励企业出于自身利益自主降低减排成本，实施节能减排措施，降低全社会的排污成本，使全社会的环境资源配置实现帕累托最优状态，在一定程度上解决环境问题。

按照碳排放权交易理论，当社会碳排放总量确定时，碳排放行为作为权利分配给各个企业，在碳排放权交易市场中完成碳排放权交易。碳排放权价格由市场机制决定，各个企业可以在碳排放权交易市场进行交易。当企业的实际碳排放量超过政府分配的碳排放配额时，企业会在碳排放权交易市场上购买额外的碳排放配额以保证生产活动的正常运行。当企业在生产经营过程中的碳排放需求较低时，分配的碳排放配额有剩余，企业可以将这些剩余配额像商品一样在碳排放权交易市场中出售给有需求的企业，获得额外收益。减排成本低于碳排放权价格的企业会出售碳排放权给减排成本高的企业。在碳排放总量不变的条件下，减排成本高的企业碳排放量高，减排成本低的企业碳排放量少。企业根据碳排放权价格调整自身的碳排放量和交易决策，降低生产经营成本，提高企业收益，降低全社会的碳排放污染治理成本。因此，根据碳排放权交易理论，在碳排放权界定清晰的情况下，碳排放权交易市场发挥市场机制作用，将碳排放对社会造成的额外成本内部化为企业的私人边际成本，维护市场秩序，弥补市场失灵，激发内生动力和创新活力。

建立模型，形成碳排放配额分配方案如下：

$$\sum_{i=1}^{n} e_i \leqslant S_f \cdot G_c = E_f \qquad (2-31)$$

$$S_f < S_c = \frac{E_c}{G_c} = \sum_{i=1}^{n} e_{ci} / \sum_{i=1}^{n} g_{ci} \qquad (2-32)$$

其中，E_f 为最终碳排放量，S_f 为生产单位电量碳系数，G_c 为实际生产电量，e_i 为电厂的碳排放配额，S_c 为实际生产单位电量碳系数，E_c 为实际碳排放量，g_c 为电厂生产电量。

建立碳排放配额具体分配方案如下：

$$e_i = S_f \cdot g_c \cdot \delta \qquad (2-33)$$

其中，δ 是调节系数。

碳排放权价格的确定应高于碳排放权交易市场中企业的最低碳减排成本价格，低于碳排放权交易市场中企业的最高碳减排成本，定价公式如下：

$$P = \frac{\sum_{i=1}^{n} V_t + \sum_{i=1}^{n} O_t}{\sum_{i=1}^{n} E_i} \cdot C \cdot \delta \cdot L \qquad (2-34)$$

其中，P 为碳许可证的价格，V 为 n 年内要求的碳减排量的平均值，O 为 n 年内削减成本的平均值，E 为 n 年内排放量的平均值，C 是交易成本系数，L 是位置权重，当从发达地区分配到欠发达地区时，$L>1$。

根据科斯定理，当经济主体在生产经营过程中某种经济活动的交易费用很小甚至可以忽略不计时，即使不进行产权界定，在市场机制作用下也会实现帕累托最优状态。在理想状态下，资源配置是有效的。按照碳排放权交易理论，结合科斯定理可以分析碳排放权交易机理。

在碳排放权交易市场中，每个企业被赋予一定的碳排放初始量 q_i，在碳排放权交易市场中全部企业的碳排放配额之和等于当前环境水平下能够承载的碳排放量。在碳排放权交易市场中，所有企业的碳排放总量不能超过当前环境水平下能够承载的碳排放量。设第 i 个企业在生产经营过程中无减少碳排放量意识时的碳排放量为 e_i，在生产经营过程中采取碳减排措施的实力水平为 r_i，由于企业在生产经营过程中总是出于自身利益最大化选择实施能够使自身承担费用最小的碳减排决策，据此可以建立企业 i 的决策目标函数：

$$C = C_i(r_i) + P(e_i - r_i - q_i) \qquad (2-35)$$

其中，P 为碳排放权的单位价格。

令 $\dfrac{dC}{dr}=0$，可得

$$\frac{dC_i(r_i)}{dr_i}=p \qquad (2-36)$$

当企业每减少 1 单位碳排放量需要耗费的成本与当下碳排放权交易市场中的碳排放权价格相等时，企业采取碳减排措施减少生产经营过程中的碳排放量的成本最小。排污权交易比传统命令控制型环境政策工具更有效，可有效控制污染物排放，降低环境治理成本。

在碳排放权交易市场中，碳交易体系不需要太多的控制，重点是设定碳排放权的总量以及各企业碳排放权数额，允许各企业进行碳排放权的转让交易。碳排放配额富余的企业可以通过出售碳排放权获利，而碳排放量超过碳排放配额的企业可以购买碳排放权而避免高额罚款。碳排放权交易市场中的经济主体能够通过交易实现自身利益最大化，完成减排任务。碳排放权作为商品在市场中可进行自由交易，碳排放权交易市场中供求关系影响碳排放权价格。

碳排放权作为商品，其需求量会受到多种因素的影响。为了分析碳排放权交易市场中碳排放权的需求函数，假定其他影响因素不变，只分析碳排放权价格对碳排放权需求数量的影响，可以得到一个简单的碳排放权需求函数：

$$Q^d=f(P) \qquad (2-37)$$

其中，P 为碳排放权价格，Q^d 为碳排放权需求数量。

在碳排放权交易市场中，随着碳排放权价格的变化，企业会不断调整自己的需求数量。在其他因素保持不变的条件下，随着碳排放权价格升高，企业会减少购买碳排放权的需求量。碳排放量超过碳排放限额的企业购买碳排放权的费用增加将激励企业加大研发投资活动进行低碳技术改造，以此降低购买碳排放配额的成本支出。在其他因素保持不变的条件下，随着碳排放权价格下降，企业会增加购买碳排放权的需求量。碳排放量超过碳排放限额的企业会积极向碳排放量未超过碳排放限额的企业购买碳排放权，碳排放权交易市场中经济主体能够通过交易实现自身利益最大化。

碳排放权交易市场的供给量会受到多种因素的影响。为了分析碳排放权交易市场中碳排放权的供给函数，假定其他影响因素不变，只分析碳排放权价格对碳排放权供给数量的影响，可以得到一个简单的碳排放权供给函数：

$$Q^s = f(P) \tag{2-38}$$

其中，P 为碳排放权价格，Q^s 为碳排放权供给数量。

在碳排放权交易市场中，随着碳排放权价格的变化，企业会不断调整自己的供给数量。在其他因素保持不变的条件下，随着碳排放权价格升高，企业会增加碳排放权出售的供给量。碳排放量未超过碳排放限额的企业出售碳排放权所获得的收益增加，将激励企业加大研发投资活动进行低碳技术改造，使得碳排放量未超过碳排放限额的企业在碳排放权交易市场上能够提供更多富余碳排放额，增加自身利益。在其他因素保持不变的条件下，随着碳排放权价格下降，企业会减少碳排放权出售的供给量，激励碳排放量超过碳排放限额的企业自主减排，避免出现由于可购买的碳排放权不足受到高额罚款问题。

根据碳排放权交易理论，按照供求定理，当碳排放权的市场需求量与碳排放权的供给量相等时，达到碳排放权均衡价格，碳排放权交易市场中碳排放权供求数量是碳排放权的均衡数量。在碳排放权供给量不变的情况下，碳排放权需求量增加会使均衡价格和均衡数量提高；在碳排放权需求量不变的情况下，碳排放权供给量增加会使均衡价格下降，均衡数量增加。

2.3.2 成本收益理论

根据成本收益理论，每个经济人都是理性的，在碳排放权交易市场中，企业的生产经营活动往往以实现自身利益最大化为目标进行决策。企业在生产经营过程中的碳排放会增加环境污染治理成本，存在负外部性。下面按照成本收益理论，对碳排放权交易过程中的成本收益问题进行数理分析。

下面按照成本收益理论，分析企业在碳排放过程中的收益与成本问题，其中收益可分为企业个体收益与社会整体收益，成本可分为企业个体成本与社会整体成本。设 R_1、R_2、C_1、C_2 分别表示企业个体收益、社会整体收益、企业个体成本、社会整体成本。企业在生产过程中总是追求自身利益最大化,这往往会使得经济活动的实际碳排放量高于帕累托最优水平。当企业过度排放二氧化碳时,$C_1 < C_2$ 且 $C_2 > R_1 > C_1$,根据此关系可以推出 $C_2 - C_1 > R_1 - C_1$,此时社会除该企业之外的个体所承担的成本 $C_2 - C_1$ 大于企业个体自身的收益与成本之差 $R_1 - C_1$,即企业过度进行碳排放会产生负外部性。为有效解决碳排放引起的负外部性问题,需要引入碳排放权交易理论,根据碳排放权交易制度明确企业的碳排放权以及碳排放配额。

在碳排放权交易市场中,每个企业在生产经营过程中产生的碳排放量不同,政府分配到各个企业的碳排放配额也不同。下面以碳排放权交易市场中两个企业之间的碳排放权交易为例进行分析。如果企业 A 的碳排放量为 TE_A,企业 B 的碳排放量为 TE_B,且 $TE_A > TE_B$。政府分配到企业 A 的碳排放配额为 E_A,分配到企业 B 的碳排放配额为 E_B,且 $TE_A > E_A$,$TE_B < E_B$。对于企业 A 来说具有 $TE_A - E_A$ 的碳减排限制,对于企业 B 来说具有 $E_B - TE_B$ 的碳减排富余。碳排放权可以在碳排放权交易市场中自由交换,设此时碳排放权交易市场机制下的碳排放权价格为 P,则企业 A 会增加 $(TE_A - E_A) \cdot P$ 的碳减排成本以保证自身生产活动的正常进行,而企业 B 会享有 $(E_B - TE_B) \cdot P$ 的碳减排收益。在碳排放权交易市场中,碳排放权交易理论会激励企业积极进行技术研究改造,以降低碳减排成本或者增加碳减排收益。

下面根据成本收益理论,分析碳排放权交易市场的碳排放权交易。在当前环境水平下,规定碳排放权交易市场中全部企业的碳排放总量为 $\overline{Q}$,并且赋予每个企业一定的碳排放配额。假设在碳排放权交易市场中,共有 X 个企业。由于企业在生产经营过程中,往往追求自身利益最大化,尽可能地使自身在减少碳排放量时承担的成本最小,故而可得

$$\min_{Q_i} = \sum_{i=1}^{X} C_i(Q_i) \qquad (2-39)$$

$$\text{s. t.} \sum_{i=1}^{X} C_i(Q_i) \leqslant \overline{Q} \qquad (2-40)$$

在碳排放权交易市场中,各个企业的碳排放量之和不能超过规定的总的碳排放量,用拉格朗日极值函数可以表示为

$$L = \sum_{i=1}^{X} C_i(Q_i) + \lambda \left(\sum_{i=1}^{X} Q_i - \overline{Q} \right) \qquad (2-41)$$

其中，$\dfrac{\partial^2 C_i}{\partial Q_i{}^2}<0$。当碳排放权交易成本最小时，边际碳减排成本应该与总的碳排放量变化的边际价格相等，由此可得

$$\lambda = -\left(\frac{\partial C_i}{\partial X_i}\right)\Delta i \qquad (2-42)$$

其中，λ 为拉格朗日乘数。在碳排放权交易市场中，当碳排放权交易成本最小时，处于碳排放权交易市场中的每个企业减少 1 单位碳排放量时需要耗费的成本都相同。如果碳排放权交易成本函数不是连续函数，根据数学相关原理可知，无法取到理论上的碳排放权交易成本最小值，只能取理论最优值附近的值作为企业减少 1 单位碳排放量时需要耗费的成本的参考值。同理，在碳排放权交易市场中，企业在生产经营过程中依然致力于实现自身利益最大化。企业在碳排放权交易市场中面临着各种成本：企业在生产经营过程中降低碳排放量，产量降低，带来了额外成本；企业对碳排放权需求量很大，需要在碳排放权交易市场中购买碳排放权，增加企业成本；企业对碳排放权需求量很小，可以在碳排放权交易市场中出售富余的碳排放权，增加交易成本。企业想要实现自身利益最大化，应使 3 方面成本之和达到最小。在碳排放权交易市场中，我国平均碳排放量为 P，结合上述分析可得以下公式：

$$\min_{Q_i,Q_{bj},Q_{si}} C_i(Q_i) + P\left(\sum_{j=1}^{X-1} Q_{bj} - Q_{si}\right) \qquad (2-43)$$

$$\text{s. t.} \begin{cases} Q_i \leqslant Q_i + \displaystyle\sum_{j=1}^{X-1} Q_{bj} - Q_{si} \\ Q_i, Q_{bj}, Q_{si} \geqslant 0 \end{cases} \qquad (2-44)$$

其中，Q_i 为企业在生产经营过程中无减少碳排放量意识时的碳排放量，Q_{bj} 为企业在全球碳排放权交易市场中购买的碳排放权数量，Q_{si} 为企业在全球碳排放权交易市场中出售的富余碳排放权数量。设全球碳排放权交易市场中企业的碳排放量为 Q，限制条件为 $Q \leqslant Q_i + Q_{bj} - Q_{si}$。为使企业在生产经营中的成本最小，拉格朗日极值条件的公式为

$$L = C_i(Q_i) + P\left(\sum_{j=1}^{X-1} Q_{bj} - Q_{si}\right) + \eta\left(Q_i - Q_i + Q_{si} - \sum_{j=1}^{X-1} Q_{bj}\right)$$

$$(2-45)$$

其中，η 为拉格朗日乘数。在碳排放权交易市场中，企业主体在生产经营过程中降低碳排放量的成本低于碳排放权价格，企业会采取出售富余碳排放权的决策，满足如下条件：

$$-\frac{\partial C_i}{\partial Q_i}(Q_i) < P \qquad (2-46)$$

在碳排放权交易市场中，企业主体在生产经营过程中降低碳排放量的成本高于碳排放权价格，企业会采取购买碳排放权的决策，满足如下条件：

$$-\frac{\partial C_i}{\partial Q_i}(Q_i) > P \qquad (2-47)$$

因此，按照成本收益理论，在碳排放权交易市场中，企业会选择能够实现自身成本最小化的方式和途径，追求自身利益和经济效益的最大化。企业根据自身的成本收益，作出符合企业利益的行为决策，当企业的碳减排成本较高时，往往选择在碳排放权交易市场中购买碳排放权以满足企业正常生产活动的需要。当碳排放权交易市场中的全部企业碳排放权价格都相等时，碳排放权交易市场处于成本有效状态。

2.3.3　碳交易机制设计理论

在生产经营活动中，经济主体无须承担排放二氧化碳产生的环境治理成本，而且碳排放权交易市场中的碳排放权具有公共物品属性，企业追求自身利益和效用最大化进行生产经营，忽视自身经济行为的外部成本。这使得企业实际排放量高于帕累托最优水平，加剧环境污染问题。根据公共物品理论与外部性理论，企业在碳排放问题上出于自身利益考虑，倾向于隐瞒自己的真实生产情况，以便在碳排放权分配中获得更多的碳排放配额，不愿意积极承担碳减排的责任。

按照碳交易机制设计理论，应设计有效的碳交易分配机制，最大限度减少企业利益损失，最大程度实现资源有效配置，有效解决公共物品供给的公平与效率问题。

为了分析碳排放权交易市场中碳排放权供给的公平与效率问题，在碳排放权供给问题中，企业 i 的喜好可以表示为

$$\mu_i = \theta_i x + t_i \tag{2-48}$$

其中，x 为 0 或 1，θ_i 表示碳排放权交易市场中企业 i 对碳排放权的意愿收益。$c>0$ 代表碳排放权的供给成本，有效供给规则为

$$x^*(\theta) = \begin{cases} 1 & \text{如果} \sum_{i=1}^{I} \theta_i \geq c \\ 0 & \text{其他} \end{cases} \tag{2-49}$$

它的一种格罗夫斯机制为

$$x^*(\theta) = \begin{cases} 1 & \text{如果} \sum_{j=1}^{I} \theta_j \geq c \\ 0 & \text{其他} \end{cases} \tag{2-50}$$

$$t_i(\theta) = \begin{cases} \sum_{j \neq i} \theta_j - c & \text{如果} \sum_{j=1}^{I} \theta_j \geq c \\ 0 & \text{其他} \end{cases} \tag{2-51}$$

在 $\hat{\theta}_i$ 之外，企业 i 的收益与他的选择是独立的，而在 $\hat{\theta}_i$ 之内，企业 i 的选择会将碳排放权的供给水平由 0 变为 1 或者由 1 变为 0。

在碳排放权交易市场中，令克拉克机制定义的决策函数为 $d(w)$，满足 $d(w) \in \arg\max w^h(G)$，令碳排放权交易市场中的企业 h 对碳排放权的评价为 v^h，该评价由 w^h 给定，则如果

$$v^h \in \{\arg\max v^h[d(w^h, w^{-h})]\} \tag{2-52}$$

此时，对于碳排放权交易市场中的所有经济主体来说，企业如实表明自身对碳排放权的需求量、不瞒报碳排放权需求量是最好的策略。

根据直接表露机制可得

$$t^h \in \{\arg\max v^h[d(w^h, w^{-h})]\} \tag{2-53}$$

将转移支付 $th(w)$ 改写为如下形式：

$$t^h(w) \in \{\arg\max v^h[d(w^h, w^{-h})]\} \quad h = 1, \cdots, H \tag{2-54}$$

则通过选择：

$$v^h(w) \in \{\arg\max v^h[d(w^h, w^{-h})]\} \quad h = 1, \cdots, H \tag{2-55}$$

在克拉克机制中，克拉克将定义为

$$r^h(w^{-h}) \in \{\arg\max v^h[d(w^h, w^{-h})]\} \quad h = 1, \cdots, H \tag{2-56}$$

其中，G 为碳排放权交易市场中政府所提供的碳排放权数量。企业 h 所表述的碳排放权需求会引起政府碳排放权供给决策的变化，而政府碳排放权供给政策变化又会对碳排放权交易市场中其他企业的生产活动与福利产生影响，这一间接影响便用转移支付表示。

下面从离散的公共商品供应问题出发，分析碳排放权交易市场中的碳排放权交易。如果在碳排放权交易市场中共有 n 个企业，政策规定的碳减排总量为 Q，每个企业都要承担一部分的碳减排成本，分别记为 $c_1, \cdots, c_n$，这些企业承担的碳减排成本之和大于政策规定的碳减排总量时才能实现碳减排目标。而企业的碳减排行为有助于改善地区生态环境，产生正外部效应，分别记为 $u_1, \cdots, u_n$，社会获得的碳减排总效应大于这些企业承担的碳减排成本之和时碳交易机制才有效率。如果企业 i 的碳减排净效用记为 $r_i = c_i + u_i$，并且 $\sum_{i=1}^{n} r_i > 0$，意味着实施碳减排政策是有必要的。根据公共物品理论与外部性理论可知，企业在碳排放问题上总是倾向于隐瞒自己的真实生产情况，不愿意积极承担碳减排的责任，因此每个企业都有低报自己的碳减排净效用的倾向。

格罗夫斯-克拉克机制根据企业提供的碳减排净效用信息 v_i 来制定碳减排政策，解决碳排放权交易市场中的公平与效率问题。每个企业提供的碳减排净效用值可能与真实情况相符，也可能与真实情况不符。但是格罗夫斯-克拉克机制认为，当 $\sum_{i=1}^{n} v_i > 0$ 时，碳交易机制是有效的。如果对每个企业的转移补偿支付记为 t_i，当 $\sum_{i=1}^{n} v_i \sum_{j \neq i} v_j < 0$ 时，$t_i = - \left| \sum_{j \neq i} v_j \right|$，当 $\sum_{i=1}^{n} v_i \sum_{j \neq i} v_j \geq 0$ 时，$t_i = 0$，这表明如果某个企业的碳减排总体决策发生变化，要对该企业征收附加税，即机制对那些使得 $\sum_{i=1}^{n} v_i \sum_{j \neq i} v_j < 0$ 的企业征收附加税。如果企业 i 的总效用记为 U_i，当该企业实施碳减排政策时，$U_i = r_i + t_i$，当该企业未实施碳减排政策时，$U_i = t_i$。因此，每个企业不隐瞒自身的真实生产情况，真实上报自身的净效用值是最优均衡解。

按照碳交易机制设计理论，设置激励机制，制定合理的碳交易制度，可在最大限度上减少企业利益损失，最大程度上实现碳减排目标，激励企业真实地表达自身对于公共物品的偏好，有效解决公共物品供给的公平与效率问题。

2.3.4　绿色溢价理论

按照绿色溢价理论，零排放燃料与化石能源使用成本的差额形成绿色溢价。现阶段绿色溢价通常情况下为正值，但是未来绿色溢价会越来越小，甚至降为负数。未来，随着生产技术的发展、科技水平的提高以及企业创新能力的提升，绿色生产的重视程度会得到普遍提高，故应制定绿色生产标准规范企业生产经营活动，完善清洁能源使用的基础设施，降低零排放燃料的成本，降低绿色溢价。企业使用化石能源时的成本相对较低，在生产经营过程中往往出于自身利益无限制地使用化石燃料，这加剧了碳排放过量等环境问题。在此过程中，收益由企业独享，却不用承担环境污染治理成本。因此，应提高化石能源使用价格，限制碳排放额度，将碳排放的负外部性内化为企业成本，降低绿色溢价。

根据绿色溢价理论，在碳排放权交易市场中进行碳排放权交易可以降低绿色溢价。在碳排放权界定清晰的条件下，碳排放权交易通过市场作用将碳排放负外部性内部化为企业的私人边际成本。当企业的碳排放量超过分配的碳排放配额时，企业会在碳排放权交易市场上购买一定量的碳排放权，以保证生产活动的正常运行。当企业通过提高生产技术、进行技术创新，使减少碳排放量所用的成本低于在碳排放权交易市场购买碳排放权的费用时，企业更倾向于将资金投入技术创新研发中，从根本上降低自身生产经营过程中的碳排放权需求。当企业在生产经营过程中的碳排放量较小时，企业可以在碳排放权交易市场中出售富余碳排放权以获得额外的收益。当企业的碳减排成本较低时，往往倾向于积极采取碳减排行动；当企业碳减排成本较高时，往往倾向于抵制碳减排行为。

根据绿色溢价理论，绿色溢价体现了企业生产时使用不同能源的成本差异。该理论有助于分析未来成本的变化情况，从而实现碳达峰碳中和的目标。不同行业的技术发展水平有较大差异，商业模式也各有特点，不同行业的绿色溢价也存在较大差异。估算各行业绿色溢价，有效分析绿色溢价理论在各个行业的应用效果，有助于判断和分析减碳过程的关键时间点与重要指标。

　　推动碳排放权交易市场供给侧结构性改革，有效利用市场价格机制增加有效供给，可实现资源有效配置，激励微观主体积极提高创新能力，实现绿色转型，降低碳排放，实现绿色低碳发展。结合碳排放权交易市场的供求关系，确定碳排放权价格，根据碳排放权价格分析碳排放权交易市场供需状况，可实现碳减排成本最小化与社会福利最大化。在实践中，短期碳排放配额的供给总量一定，需求会受到经济波动、能源价格变动等不确定因素的影响，这会导致短期碳排放权价格与长期最优碳减排路径下的碳排放权价格存在偏离。企业应根据碳排放权价格调整自身生产经营政策，积极采取碳减排措施，自主进行碳减排。这有助于企业转型升级和增加收益，有效保护环境。企业生产经营决策的调整不仅取决于当前碳排放权价格，还取决于企业对碳排放权价格的预期。当价格波动过大时，市场风险增大，这难以为企业提供稳定的长期碳减排投资信号。当企业具有稳定的碳排放权价格预期时，碳排放权交易市场通过定价推动碳减排的作用才能有效发挥。

第 3 章

我国碳排放权交易市场供给侧
结构性改革的探索

  我国在碳排放权交易市场供给侧结构性改革探索中积极应对气候变化，加快完善落实"绿水青山就是金山银山"理念的体制机制，完善政策法规体系，建立健全碳排放核算和报告体系，为碳排放权交易市场提供法律依据、政策支持和数据基础。在此基础上，我国分阶段逐步推进碳排放权交易市场的建设，完善市场化机制，加强监管和执法，保证碳排放权交易市场稳定运行。我国鼓励各类企业和投资者参与碳排放权交易市场，培育碳排放权交易市场主体，加强与国际碳排放权交易市场合作，提高碳排放权交易市场的活跃度，促进碳排放权交易市场的健康发展。本章从碳排放权交易市场的供给侧出发，分析碳排放权交易市场的碳排放配额分配方案，剖析碳排放权交易市场供给侧结构性改革的价格形成机制，总结碳排放权交易市场供给侧结构性改革的经验，解析碳排放权交易市场供给侧结构性改革的建设路线，分析碳排放权交易市场供给侧结构性改革的运行机制。

3.1 碳排放权交易市场的碳排放配额分配方案

  碳排放配额分配对碳排放权交易市场稳定运行有着重要影响，成为碳排放权交易市场供给侧结构性改革的重要组成部分。制定合理的碳排放配额分配方案是实现碳排放权交易市场顺利运行的关键。目前，主要有免费分配和有偿分配两种碳排放配额分配方式。国际上大多数国家和地区采用免费分配的碳排放配额分配方式，再辅以公开拍卖和标价出售，形成混合的碳排放配额分配机制。我国采用历史总量法和行业基准线法相结合的碳排放配额免费分配方式。碳排放配额总量与分配总量决定碳排放权交易市场的供给量，影响碳排放权交易市场的碳排放权价格。不同的碳排放配额分配方案一定程度上影响碳排放权交易市场的经济成本。

3.1.1 免费碳排放配额分配方法

采用历史排放法、行业基准线法和历史强度法等免费碳排放配额分配方法，充分考虑历史特征和行业特征，可形成碳排放权交易市场的碳排放配额分配方案。

采用历史排放法的碳排放配额分配方案适用于产品复杂、边界不明显、数据基础薄弱的企业。按照历史排放法，碳排放配额分配方案通常选取排放量均值，以降低产量变动引起的碳排放量变动的影响。根据历史排放法，企业未来的碳排放水平应低于历史平均水平。利用历史排放法，可补偿搁浅资产造成的损失，实现碳排放权交易市场体系的平稳过渡。然而，按照历史排放法，可能让企业赚取暴利，不能有效防范碳泄漏，当历史排放与事后调控结合时，可能会产生扭曲的价格，不利于减排主体的激励。历史排放法主要表现为

$$EQ_t = \frac{\sum_{i=1}^{n} E_i}{N} \times (1 - M_i) \quad i = 1,2,3,\cdots,n \qquad (3-1)$$

其中，t 表示碳排放配额分配期，EQ_t 表示某企业在第 t 期的碳排放配额，E_i 表示第 i 年该企业的历史年度碳排放总量，M_i 表示第 i 年的该企业减排率。对于产量和碳排放量比较稳定的企业，其历史碳排放量 E_i 的取值范围越长越好；对于产量和碳排放量波动较大的企业，其历史碳排放量 E_i 的取值范围一般要靠近分配前的一段时间。减排率 M 受减排目标、企业减排潜力和

企业减排成本等的影响。

采用行业基准线法的碳排放配额分配方案适用于产品单一、数据基础好的企业。采用行业基准线法，碳排放配额的分配方式较为公平，能够有效限制碳排放量过大的企业，持续激励相关主体以高成本效益的方式实现减排目标。按照行业基准线法，欧盟碳排放交易体系（EU-ETS）的第三阶段和美国加州碳排放权交易市场形成了免费碳排放配额分配方案。行业基准线法综合考虑新老企业的排放量，激励先行减排企业。然而，按照行业基准线法，数据要求较高，耗费时间较长。当产品种类复杂时，行业基准线很难确定。根据行业基准线法，可能让企业获得额外利益，却不能有效防范碳泄漏。行业基准线法主要表现为

$$EQ_t = \varphi_{t-1}P_t \qquad (3-2)$$

其中，t 表示分配期，EQ_t 表示第 t 期碳排放配额分配量，φ_{t-1} 是基准线值，由碳排放配额分配方案的设计者根据分配期上一年该类产品的单位产品碳排放量来确定，P_t 表示控排企业分配期 t 的产量。

采用历史强度法的碳排放配额分配方案适用于缺乏行业和产品标杆数据的情况，通常选择最接近分配周期的平均碳排放强度，基于分配周期内的企业实际产量进行更新调整。历史强度法鼓励企业积极进行碳减排行动，为实现减排目标提供了强大动力。然而，历史强度法要求实时数据定期更新，这会造成行政管理复杂。历史强度法主要表现为

$$EQ_{bt} = \frac{\sum_{i=1}^{n}\left(\frac{E}{GDP}\right)_i}{N}GDP_t(1-M_t) \quad i=1,2,3,\cdots,n \qquad (3-3)$$

其中，t 表示碳排放配额分配期，EQ_{bt} 表示第 t 期控排企业的碳排放配额量，E 表示企业的历史年度碳排放量，GDP_t 表示第 t 期企业的产业增加值，N 表示碳排放总量，M_i 表示第 i 年的该企业减排率。

3.1.2 有偿碳排放配额分配方法

采用拍卖法的碳排放配额分配方法具有一定的灵活性，弥补了对消费者的不利影响，可激励企业提高生产效率，降低单位产出的碳排放量。然

而，由于碳排放权交易价格由市场决定，所以可能造成碳排放权交易市场不稳定或碳排放权交易市场低迷。此外，拍卖配额通常以现货方式进行交付，以防止在二级交易场所出现过度的价格波动。

相比拍卖法，利用固定价格法，碳排放配额分配方法简单，方向明确。然而，由于碳排放权交易价格的确定需要综合考虑减排成本、减排潜力和目标、经济和社会发展规划、碳排放权交易的行政成本以及碳排放权交易市场的供需关系，所以固定的碳排放权交易价格难以合理确定，难以被所有的减排企业接受。表3-1展示了不同碳排放配额分配方法的优缺点。

表3-1　不同配额分配方法的对比

分配类型	分配方式	优点	缺点
免费碳排放配额分配	历史排放法	① 计算方法相对简单； ② 数据的收集和处理工作相对容易； ③ 适用于产品类型较多的行业	① 对已经采取减排行动的企业不公平； ② 对促进企业技术创新的积极性不利； ③ 未考虑新公司无历史碳排放数据的情况； ④ 极易引起配额超额发放，导致市场价格低迷
	历史强度法	① 分配方式相对公平； ② 打压排放量过大的企业，鼓励碳减排效果较好的企业； ③ 考虑新老公司的排放	① 计算方法复杂，数据要求高，行政成本高； ② 行业产品分类复杂时，基准线的确定困难
有偿碳排放配额分配	拍卖法	① 分配方式相对公平； ② 激励企业提高生产效率和降低单位产出的碳排放量	交易价格由市场决定，容易不稳定或低迷
	固定价格法	① 分配方法简单、方向明确； ② 激励企业提高生产效率和降低单位产出的碳排放量； ③ 防止碳泄漏	碳排放权价格难以进行合理确定

3.1.3 地方碳排放配额分配方法

采用指标法、优化法、博弈法和混合法等地方碳排放配额分配方法，充分考虑各方面因素，可形成地方碳排放配额分配方案。

指标法可选择人口总量、GDP、碳排放量和能源消费等相关指标，可采用单指标法或多指标法。采用单指标法，地方碳排放配额分配方法易于理解，操作简便，可较好体现决策者的主观偏好选择。然而，利用单指标法，不同地方有不同的准则偏好程度，选择指标的综合性和系统性不足，可能产生极端的地方碳排放配额分配方案。根据多指标法形成的地方碳排放配额分配方法综合考量了各方面的因素，具备兼容性与包容性，更容易被不同利益相关方接受，得到了广泛的应用（朱潜挺等，2015；He，Zhang，2021）。

利用优化法可建立零和收益（ZSG-DEA）模型。采用优化法形成的地方碳排放配额分配方案综合评价投入和产出，有利于提高社会的效率。可利用数据包络分析方法建立零和收益模型。假定投入产出比之和为常数，采用均衡配置与比例配置策略，可实现决策单元的持续调整与优化。在零和收益模型下，碳减排效率高的地方可以获得更多的碳排放权配额，碳减排效率低的地方可获得较少的碳排放权配额，实现效率最大化。然而，使用优化法形成的地方碳排放配额分配方案过分追求分配效率最大化，有时导致结果缺乏公平性与合理性。零和收益模型的优化过程表示为

$$
\text{s. t.}
\begin{cases}
\min \varphi_0 \\
\sum\limits_{i=1}^{N} \lambda_i y_{ij} \geqslant y_{0j} & j=1,2,3\cdots,M \\
\sum\limits_{i=1}^{N} \lambda_i x_{ik}\left[1+\dfrac{x_{0k}(1-\varphi_0)}{\sum\limits_{i\neq 0} x_{ik}}\right] \leqslant \varphi_0 x_{0k} & k=1,2,3,\cdots,R \quad (3-4) \\
\sum\limits_{i=1}^{N} \lambda_i = 1 & i=1,2,3,\cdots,N \\
\lambda_i \geqslant 0 & i=1,2,3,\cdots,N
\end{cases}
$$

其中，x 为碳排放配额，y 为投入指标，K 为投入要素的个数，m 为产出要素的个数，n 为决策单元 DMU 的个数，λ_i 为第 i 个决策单元 DMU 单元的组合比例，DMU_0 为所有决策单元 DMU 中相对效率最高的单元的效率，相对效率为 φ_0。

根据博弈法形成的地方碳排放配额分配方法综合考虑了多种方法的优势，充分考虑和兼顾了各利益相关方的需求和贡献。博弈法多采用 Shapley 值法进行分析，建立地方碳排放配额分配方案。下面采用博弈法构建二阶段 Shapley 模型，分析地方碳排放配额分配过程。主要表现如下。

利用所选定的指标建立 Shapley 信息熵模型的第一阶段，设置决策矩阵 X：

$$X = \begin{bmatrix} x_{11} & x_{12} & \cdots & x_{1m} \\ x_{21} & x_{22} & \cdots & x_{2m} \\ \cdots & \cdots & \cdots & \cdots \\ x_{n1} & x_{n2} & \cdots & x_{nm} \end{bmatrix} \tag{3-5}$$

其中，x_{ij} 表示指标值，n 为地方数量和 m 为地方指数，$n=1,2\cdots,30$，$m=1,2,\cdots$。

各地方的指数比例为

$$v_{ij} = \frac{x_{ij}}{\sum_{i=1}^{n} x_{ij}} \tag{3-6}$$

获得决策矩阵为

$$V = \begin{bmatrix} v_{11} & v_{12} & \cdots & v_{1m} \\ v_{21} & v_{22} & \cdots & v_{2m} \\ \cdots & \cdots & \cdots & \cdots \\ v_{n1} & v_{n2} & \cdots & v_{nm} \end{bmatrix} \tag{3-7}$$

其中，$n=1,2\cdots,30$，$m=1,2,\cdots$。

第 j 个指标的 Shapley 值为

$$e_j = \frac{\sum_{i=1}^{n} v_{ij}\ln v_{ij}}{\ln n} \tag{3-8}$$

其中，$j=1,2,\cdots,m$。

第 j 个指标的信息熵为

$$w_j = \frac{1 - e_j}{m - \sum_{j=1}^{m} e_j} \tag{3-9}$$

其中，$j=1,2,\cdots,m$。

再建立 Shapley 信息熵模型的第二阶段，分配碳排放配额。

第 i 个地方的分配权重为

$$S_i = \sum_{j=1}^{m} \alpha_j w_j v_{ij} \tag{3-10}$$

其中，$i=1,2,\cdots,n$，$j=1,2,\cdots,m$，α_j 为 $\sum_{j=1}^{m} \alpha_j = 3$ 条件下权益和权益原则的主观分配权重。

此外，根据每个原则是否存在偏差，设置了 3 种情况。

① 采用公平原则。其中，$\alpha_j = 1,2,\cdots,5$。

② 有偏见的公平原则。其中，$\alpha_j = 1.5$，$j=1,2,3$，$\alpha_j = \dfrac{w_4 + w_5}{1 - \sum_{j=2}^{3} w_j} w_j$，

$j = 1,2,3$。

③ 有效原则优先。其中，$\alpha_j = 1.5$，$j = 4,5$，$\alpha_j = \dfrac{\sum_{j=1}^{3} w_j}{1 - w_4 + w_5} w_j$，

$j = 1,2,3$。

根据混合法形成的地方碳排放配额分配方法具有指标法与优化法的一些优势：当主要使用指标法时，运用优化法测度局部的指标；当主要使用优化法时，综合考虑指标法中各指标的限制条件；当先运用指标法获得初始分配方案时，利用优化法持续修改完善地方碳排放配额分配方案（苗壮等，2013）。利用混合法制定地方碳排放配额分配方法的过程复杂，但能有效兼顾公平和效率。地方碳排放配额主要分配方法的比较见表3-2。

表 3-2　中国地方碳排放配额主要分配方法比较

方法	计算规则	优点	缺点
指标法	根据某一准则下的量化指标进行分配	规则简单，过程透明，易于反映决策者偏好	太过片面，难以被不同利益方共同接受
	根据若干准则下的量化指标来构建综合指标进行分配	应用广泛，方法直观，分配过程兼顾各方利益	需要合理选择指标并设定权重
优化法	寻求以效率最大化为目标的最优分配方案	应用广泛，有利于分配结果的效率最优化	需要合理设定模型形式，且难以保证分配结果的公平性
博弈法	不同主体从自身利益出发寻求均衡解	将各利益相关方的诉求纳入分配中	计算复杂，分配过程缺乏透明度
混合法	利用指标法和优化法的组合模型进行分配	综合多种方法的优势，可同时兼顾公平与效率	计算复杂

3.2　碳排放权交易市场供给侧结构性改革的价格形成机制

深化碳排放权交易市场供给侧结构性改革，根据供求双方的供需关系，可建立碳排放权交易市场供给侧结构性改革的价格形成机制。碳排放权交易市场的需求侧覆盖《京都议定书》签订国家和地区；碳排放权交易市场的供给侧涵盖碳排放单位、清洁能源项目、森林保护与再生项目、碳汇项目以及碳交易中介机构。本节从碳排放权交易市场的供给、需求以及碳排放权交易市场均衡的角度，分析碳排放权交易市场供给侧结构性改革的价格形成机制。

3.2.1　碳排放权交易市场的需求

根据《京都议定书》，减排的国家和地区可获得初始碳排放配额，形成碳排放权交易市场的需求。本国或本地区实际碳排放量将受此影响。实际碳排放量与初始碳排放配额存在一定差距，这构成碳排放权交易市场的需求总量。

各个国家和地区实际的碳排放量可以用经济发展水平、能源资源禀赋、技术水平以及消费模式等因素衡量。结合 Kaya 公式，人类排放的二氧化碳总量由人口、人均 GDP、单位 GDP 能耗和单位能耗排放量等因素所决定（吴雅珍等，2023）。

下面构建碳排放 Kaya 恒等式（Ang，2005），分析国家经济发展水平、能源资源禀赋、技术水平和消费模式等影响因素，运用 LMDI 分解方法定量分析各个国家或地区碳排放的影响因素。碳排放 Kaya 恒等式具体表现为

$$Q_{co_2} = P\frac{G}{P}\frac{E}{G}\frac{Q}{E} = P \cdot g \cdot e \cdot c \qquad (3-11)$$

其中，Q_{co_2} 为国家和地区的二氧化碳排放总量，P 为国家和地区的人口总数，G 为国内生产总值（GDP），$g=G/P$ 即为人均 GDP，E 为国家的能源消耗，$e=E/G$ 即为单位 GDP 的能源消耗，其在经济层面上可以反映国家的能源效率和生产模式，$c=\dfrac{Q}{E}$ 为每单位能源消耗的排放水平。下面研究分析 g 与 e 随时间的变化趋势，分析国家和地区经济增长与经济结构变化的驱动影响。

对式（3-11）进行对数变换：

$$\ln\left(\frac{Q_{co_2}^t}{Q_{co_2}^0}\right) = \ln\left(\frac{P^t}{P^0}\right) + \ln\left(\frac{g^t}{g^0}\right) + \ln\left(\frac{e^t}{e^0}\right) + \ln\left(\frac{c^t}{c^0}\right) \qquad (3-12)$$

运用 LMDI 分解法，总排放量变化 ΔQ_{co_2} 可被分解为 4 个部分，即

$$\Delta Q_{co_2} = L(w^t,w^0)\ln\left(\frac{P^t}{P^0}\right) + L(w^t,w^0)\ln\left(\frac{g^t}{g^0}\right)$$

$$+ L(w^t,w^0)\ln\left(\frac{e^t}{e^0}\right) + L(w^t,w^0)\ln\left(\frac{c^t}{c^0}\right)$$

$$= \Delta Q_p + \Delta Q_g + \Delta Q_e + \Delta Q_c \qquad (3-13)$$

其中，$L(w^t,w^0) = (Q^t-Q^0)/(\ln Q^t-\ln Q^0)$ 为 LMDI 分解式的对数平均权重，人口增长因素（ΔQ_p）、经济规模因素（ΔQ_g）、能源强度因素（ΔQ_e）和排放系数因素（ΔQ_c）的相互作用使得国家的二氧化碳排放总量发生变化，影

响碳排放的总需求（张江艳，2024；王诗云等，2023）。

下面分析碳排放权基础产品和衍生产品等碳排放权交易市场的碳交易标的物，并根据消费者效用函数分析碳排放权交易市场需求量。

针对碳排放权交易市场上差异化交易产品 x，构建效用函数 U_x：

$$U_x = c_0 + \alpha \int q_x c_x dx + \beta \int c_x dx - \frac{1}{2} \gamma \int (c_x)^2 dx - \frac{1}{2} (\delta \int c_x dx)^2 \quad (3-14)$$

其中，c_0 为无差异且同碳排放权基础产品的消费量，c_x 为具有差异化碳排放权衍生产品 x 的消费量；q_x 用来衡量差异化碳排放权衍生产品 x 的质量水平，结合 q_x，各个国家在碳排放权交易市场交易规则下设定具有差异化衍生产品 x 的品质标准，α 为各个国家消费者对差异化碳排放权衍生产品 x 的偏好程度，β 为效用水平，γ 为差异程度，δ 为替代弹性。

根据式（3-14）求导，获得差异化碳排放权衍生产品 x 的反需求函数。

$$P_x = \beta + \alpha q_x - \gamma c_x - \delta \int c_x dx \quad (3-15)$$

构建差异化碳排放权衍生产品 x 的市场需求函数：

$$c_x = \frac{N}{\gamma} (\beta + \alpha q_x - \delta C_x - P_x) \quad (3-16)$$

其中，N 为碳排放权交易市场上消费者的数量，P_x 为具有异化碳排放权衍生产品 x 的价格水平。

建立差异化碳排放权衍生产品 x 的消费数量函数：

$$C_x = \frac{X(\beta + \alpha \gamma \bar{q} - \gamma \bar{P})}{\gamma + \delta X} \quad (3-17)$$

其中，C_x 为各个国家碳交易消费者对差异化碳排放权衍生产品 x 的消费数量，X 表示碳排放权交易市场中差异化碳排放权衍生产品 x 共 X 种。

$$\bar{q} = \frac{\int q_x dx}{X} \quad (3-18)$$

$$\bar{P} = \frac{\int P_x dx}{X} \quad (3-19)$$

其中，$\bar{q}$ 为差异化碳排放权衍生产品 x 的平均质量水平，$\bar{P}$ 为差异化碳排放权衍生产品 x 的平均价格水平。

碳排放权交易市场的需求不仅受到本国经济发展水平和对碳产品偏好程度的影响，还受到国际上各个国家技术水平、消费模式及衍生产品的价格等因素的影响。

3.2.2 碳排放权交易市场的供给

碳排放权交易市场的供给有多种来源。企业出售剩余碳排放配额可形成碳排放权交易市场的企业供给。国家之间合作项目可转化为碳排放权交易市场的国家供给。实施清洁发展机制项目（CDM）可与其他国家进行合作，产生项目级减排量的抵销额转让与获得，增加碳排放权交易市场的国家供给。我国积极开展清洁发展机制项目，与其他国家进行合作，提供碳排放权交易市场供给。我国清洁发展机制项目聚焦发电和能源化工两大行业，涵盖新能源与可再生能源、节能增效、甲烷循环利用和垃圾焚烧发电等方面，已成为清洁发展机制项目数量最多、金额最大的供应国，形成多路径的碳排放权交易市场供给体系。清洁发展机制项目主要供给途径的年减排量占比如图 3-1 所示。

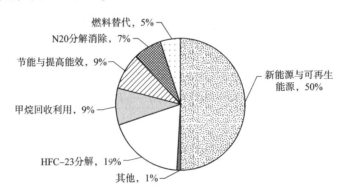

图 3-1　清洁发展机制项目主要供给途径的年减排量占比

碳排放权交易市场供给侧结构性改革形成了中国核证自愿减排量（CCER）的供给产品和国家向企业分配碳排放配额的供给产品，覆盖全国碳排放配额（CEA）和各地方试点碳排放配额。深化碳排放权交易市场供给侧结构性改革可不断催生各类碳排放配额衍生的供给产品。

我国已发展成为世界上最大的清洁发展机制项目供应国，但并不能直接设定碳排放权价格。根据碳交易规则与碳产品标准，碳排放权交易市场的碳排放权价格主要取决于需求方，受各种因素的影响。我国碳排放权交易市场的碳排放权价格决定过程如图 3-2 所示。

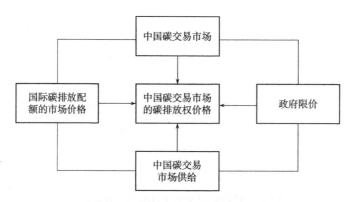

图 3-2　我国碳排放权交易市场的碳排放权价格决定过程

3.2.3　碳排放权交易市场的市场价格

本小节运用价格均衡理论，分析碳排放权交易市场的碳排放权价格。我国是全球最大的清洁发展机制项目供应国，碳排放权价格根据碳排放权交易市场的供求关系而波动。我国碳排放权价格也受到一级市场的项目供应总量和国际碳排放权价格的影响（徐婷婷，2012）。欧盟碳排放权交易市场（EU-ETS）已成为全球较为成熟的碳排放权交易市场，其期货价格影响到国际碳排放权价格和我国碳排放权价格。当市场参与者的碳排放配额短缺时，其将在碳排放权交易市场购买碳排放配额以补足短缺部分，碳排放权价格和我国清洁发展机制项目的市场价格随之上升。

根据碳交易制度，碳排放权交易市场可能达到商品一般均衡状态，也可能达到国家核证自愿减排量交易市场的供给无弹性均衡状态。

在碳排放权交易市场中，碳减排量为碳排放配额减去实际碳排放量的值，碳减排收益为边际递减曲线，碳减排成本曲线为边际递增曲线。当碳减排量 Q 大于 0 时，企业碳排放配额富裕，可通过碳排放权交易市场出售剩余碳排放配额，获得相应收益；当碳减排量 Q 小于 0 时，企业实际碳排放量超过碳排放配额，需要从碳排放权交易市场购买碳排放配额，弥补自身的超排量。运行机制如图 3-3 所示。

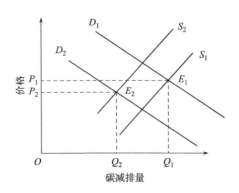

图 3-3　碳排放权交易市场的商品均衡状态

在碳排放权交易市场正常运作时，配额制市场与一般商品的均衡关系一致，碳排放权交易市场的碳排放配额需求降低，需求曲线从 D_1 向 D_2 移动，供给曲线从 S_1 向 S_2 进行调节，市场均衡点从 E_1 变化到 E_2，均衡价格 P 从 P_1 下降到 P_2。当碳排放权交易市场供给与需求相等时，达到帕累托最优，均衡价格为 $P=MC$，外部性全部转变为碳排放权交易市场的内部成本，可有效稳定碳排放权价格。

耗时较长的国家核证自愿减排量备案流程以及碳排放权交易市场不同的供需体系结构使碳排放权交易市场在一段时期内呈现供给无弹性均衡状态，如图 3-4 所示。

由图 3-4 可知，国家核证自愿减排量项目被批准后，在计算周期中逐年生成对应的签发额，市场供给曲线只能向右移动。随着国家核证自愿减排量项目数目的增多，总供给量不断增长。当需求曲线下降时，均衡价格会从 E_1 迅速下降到 E_3。碳排放权交易市场的需求有最大限制，供给量并不会一直向右移动。国家核证自愿减排量项目有效补充强制性碳排放权交易，最大限度调动全社会的减排积极性，推动绿色低碳发展。国家核证自愿减排量项目交易量较小，个别项目缺乏规范性。

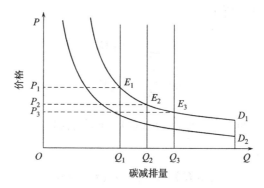

图 3-4　国家核证自愿减排量交易市场中的供给无弹性均衡状态

碳排放权交易市场具有同质可分的多种产品交易特性，市场价格受到市场的供需状况、减排成本和预期报价等影响。这里构建双向拍卖模型，分析买卖双方的拍卖行为对均衡价格的影响，作出如下假设。

假设一：按照国家总量减排规划目标，分配碳排放配额 G^* 到某个区域，该区域的企业数目为 W，各企业的初始碳排放配额为 e_t，假设企业的初始碳排放配额与该区域和国家的总体减排目标一致，$G^* = \sum_{t=1}^{W} e_t$。

假定二：该企业生产所需的碳排放量为 $\rho_t = y_t \cdot r_t$，且 $\rho_t \geq e_t$，其中 y_t 为企业的产品产量，r_t 为二氧化碳排放量生产率。规定本期未用完的碳排放配额不得转入下期继续利用，但允许企业通过市场机制交易剩余碳排放配额。

假设三：企业生产产品时，碳边际减排成本为 $w_t(x)$，$\dfrac{\mathrm{d}w_t(x)}{\mathrm{d}x} \geq 0$，企业生产产品的其他成本为 $\varphi_t(y)$，$\dfrac{\mathrm{d}\varphi_t(y)}{\mathrm{d}y} \geq 0$，利润为 U_t。

假设四：在一个区域内，买家有 H 个，卖家有 L 个，共有 $H+L$ 家企业参与碳排放权交易市场。买方报价为 P_i^{b}（$i=1,2,3,\cdots,h$），需求量为 d_i，买方减排成本 V_i，$V_i'(d_i) \geq 0$，$V_i''(d_i) \geq 0$，交易费用为 $\varepsilon_i^{\mathrm{b}}$，卖方报价为 P_j^{s}（$j=1,2,3,\cdots,l$），供给量为 s_j，卖方减排成本为 C_j，且 $C_j'(s_j) \geq 0$，$C_j''(s_j) \geq 0$，交易费用为 $\varepsilon_j^{\mathrm{s}}$。交易均衡价格为 P_0。

碳排放权交易市场由多个买卖方企业与市场组织者组合形成，追求买卖双方的利润最大化和福利最大化。多目标的优化求解模型目标函数如式

（3-20）和（3-21）所示。

$$\max \sum_{j=1}^{L} E[\mu_j^s(C_j)] \qquad (3-20)$$

$$\max \sum_{i=1}^{H} E[\gamma_i^b(V_i)] \qquad (3-21)$$

$$\max \sum_{j=1}^{L} \sum_{i=1}^{H} \{E[\mu_j^s(C_j)] + E[\gamma_i^b(V_i)]\} \qquad (3-22)$$

约束条件如下：

$$\mu_j^s(C_j) = S_j P_j^s - C_j(s_j) \geq 0 \qquad (3-23)$$

$$\gamma_i^b(V_i) = V_i(d_i) - d_i P_i^b \geq 0 \qquad (3-24)$$

$$\sum_{j=1}^{L} s_j = \sum_{i=1}^{H} d_i \qquad (3-25)$$

$$w_j \leq P_0 \leq w_i \qquad (3-26)$$

下面运用贝叶斯-纳什均衡（Harsanyi，1967）研究碳排放权交易市场的定价。规定拍卖的碳排放权交易市场定价 $P_0 = \alpha P_m^s + (1-\alpha) P_n^b$，其中，$0 < \alpha < 1$。假设买卖双方报价均服从于均匀分布，买方真实出价为 P_i，买方预期报价 $P_i^b \sim U[a, w_i]$，卖方真实出价为 P_j，预期报价 $P_j^s \sim U[w_j, b]$。以此分析买方 i 与卖方 j 的市场行为对碳排放权交易市场定价的影响。

当供应与需求相等的情况下，卖家 j 的拍卖收益最大：

$$\max U_j = \max\{[\alpha P_j + (1-\alpha)E(P_i^b \backslash P_i^b \geq P_j) - w_j] q_j \mathrm{prob}(P_i^b \geq P_j)\} \qquad (3-27)$$

买方 i 拍卖收益最大化如下：

$$\max U_i = \max\{[w_i - (\alpha E(P_j^s \backslash P_j^s \leq P_i) + (1-\alpha) P_i)] q_i \mathrm{prob}(P_j^s \leq P_i)\} \qquad (3-28)$$

其中，$E(P_i^b \backslash P_i^b \geq P_j)$ 为卖方预期买方的出价，预期出价大于卖方实际报价，q_j 表示卖方碳排放配额的供给量，$\mathrm{prob}(P_i^b \geq P_j)$ 表示卖方预期出价大于卖方报价的概率，$E(P_j^s \backslash P_j^s \leq P_i)$ 表示买方预期卖方的报价，预期报价小于买方实际出价，q_i 表示买方对碳排放配额的需求量，$\mathrm{prob}(P_j^s \leq P_i)$ 表示买方预期报价小于买方出价的概率。

求解可得

$$\mathrm{prob}(P_i^b \geq P_j) = \frac{w_i - P_j}{w_i - \alpha} \qquad (3-29)$$

$$f_i(x) = \frac{1}{w_i - \alpha} \tag{3 - 30}$$

$$E(P_i^{\mathrm{b}} \backslash P_i^{\mathrm{b}} \geqslant P_j) = \frac{\displaystyle\int_{P_j}^{w_i} f_i(x)\,x\mathrm{d}x}{\mathrm{prob}(P_i^{\mathrm{b}} \geqslant P_j)} \tag{3 - 31}$$

令 $\dfrac{\mathrm{d}U_j}{\mathrm{d}P_j} = 0$, $\dfrac{\mathrm{d}U_i}{\mathrm{d}P_i} = 0$, 解得

$$P_j = \frac{\alpha w_i + w_j}{\alpha + 1} \tag{3 - 32}$$

$$P_i = \frac{(1 - \alpha)w_j + w_i}{2 - \alpha} \tag{3 - 33}$$

获得碳排放配额拍卖的交易价格为

$$P_0 = \alpha \frac{\alpha \cdot w_i + w_j}{\alpha + 1} + (1 - \alpha) \cdot \frac{(1 - \alpha)w_j + w_i}{2 - \alpha} \tag{3 - 34}$$

$$P_0 = f(\alpha, w_i, w_j) + \mu \tag{3 - 35}$$

其中，系数 α 依据当地的减排情况和经济发展情况由相关碳交易机构制定，其数值的大小体现了政府对各企业的支持和鼓励程度，μ 表示其他经济要素的影响力。

　　碳排放权价格的形成过程体现出一个复杂的市场与政策互动机制，涉及多个因素的相互作用，受到供求关系、买卖双方交易价格、投资者预期和不同企业的减排成本差异等各方面的影响，也会受到政策调控、经济增长、工业生产和能源消费等宏观经济波动影响。可再生能源技术的发展和普及也会影响碳排放权交易市场，从而影响碳排放权价格。综上所述，碳排放权价格的形成是多种影响因素共同作用的过程，这些因素也影响着碳排放权交易市场的动态平衡和价格走势。

3.2.4　行政限价

　　为推动碳排放权交易市场供给侧结构性改革，2013 年我国实施了区域碳排放权交易市场试点。随后，结合试点的经验，出台了一系列碳交易政策，逐渐明确了市场的交易准则，不断完善碳排放权交易市场体系，积极

应对气候变化，加快完善落实"绿水青山就是金山银山"理念的体制机制。我国与其他国家签订清洁发展机制项目，开展国际碳交易，并不能决定碳排放权价格，这致使我国的碳排放权价格远低于国际上的碳排放权价格，部分差价收益被国际上第三方交易机构获取。为此，我国鼓励企业积极开展清洁发展机制项目的合作，限制清洁发展机制项目的价格，根据项目级别大小和潜在价值筛选开展的项目，选择富有竞争力且收益率较高的清洁发展机制项目，减少国际碳排放权交易市场合作的利益损失。

通过设定最高行政价格限制，可以防止市场过度波动，从而维护碳排放权交易市场稳定。在碳排放权交易市场上，假设企业利用清洁发展机制项目提供技术创新和碳排放配额额度，令企业清洁发展机制的项目数量为 Q，成本函数为 $C(Q)$，企业的总收入为 PQ，在价格管制的条件下，行业的平均成本决定行政定价，价格等于平均成本，$PQ-C(Q)=0$。因此，求解均衡价格问题转化为在一定约束条件下求极值的问题。这里构建拉格朗日函数，探究行政限价条件下碳排放权交易市场的均衡价格。构建的拉格朗日函数表示为

$$W = \max\{P(Q)\mathrm{d}Q - C(Q) + \lambda(PQ - C(Q))\} \quad (3-36)$$

其中，λ 为拉格朗日乘数，最优条件在一阶导数等于 0 时获得。

$$\frac{\mathrm{d}W}{\mathrm{d}Q} = P - \frac{\mathrm{d}C(Q)}{\mathrm{d}Q} + \lambda\left(P + Q\frac{\mathrm{d}P}{\mathrm{d}Q} - \frac{\mathrm{d}C(Q)}{\mathrm{d}Q}\right) = 0 \quad (3-37)$$

$$\frac{P - MC}{P} = -\frac{\lambda}{1+\lambda} \cdot \frac{Q}{P} \cdot \frac{\mathrm{d}P}{\mathrm{d}Q} = \frac{\lambda}{1+\lambda} \cdot \frac{1}{\varepsilon} \quad (3-38)$$

$$P = \frac{MC}{1 - R/\varepsilon} \quad (3-39)$$

其中，边际成本 $MC = \dfrac{\mathrm{d}C(Q)}{\mathrm{d}Q}$，$\varepsilon = -\dfrac{\mathrm{d}Q/Q}{\mathrm{d}P/P}$，在管制条件下价格 $P = \dfrac{MC}{1-R/\varepsilon}$，与完全竞争条件下一般均衡状态下价格 $P = MC$ 具有较大差距，全社会总体福利依然有较大损失。

根据行政限价，碳排放权交易市场设置最高限价，影响了社会福利，如图 3-5 所示。假设规定碳排放权价格不得高于 P_{MAX}，此时碳排放权价格将由 P^* 下降到 P_{MAX}，由于最高限价低于均衡价格，碳排放权交易市场的供给项目短缺，在实行最高限价之后，市场上消费者变化量为 $A-B$，生产者剩

余的变化量为-A-B，市场总剩余的变化量为-B-C，B+C 表示采用行政限价所造成的无谓损失。

　　为深化碳排放权交易市场供给侧结构性改革，可利用行政限价选择富有竞争力且收益率较高的清洁发展机制项目，并提供有效的法律保障，制约违反规定的行为，保障交易合法合规，减少国际碳排放权交易市场合作的利益损失。

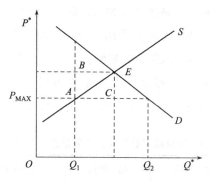

图 3-5　最高限价引起的社会福利变化

3.3　碳排放权交易市场供给侧结构性改革的经验

　　面对气候变暖和碳排放问题，深化碳排放权交易市场供给侧结构性改革，发挥市场机制作用，有效降低温室气体排放量，成为应对气候变化的重要手段。当前，欧盟、美国、新西兰、澳大利亚和日本等国家和地区已建成较为成熟的碳排放权交易市场，形成碳排放权交易市场的建设、监管规则和价格制定等方面的制度和机制，为其他国家实现减排目标和建设碳排放权交易市场提供了实践经验（夏凡，2022；周怡，2023）。为推动我国碳排放权交易市场供给侧结构性改革，本节探索欧盟碳交易系统、区域温室气体减排计划、新南威尔士温室气体减排体系和东京都碳排放权交易体系的实践经验，解析我国碳排放权交易市场发展各阶段的实践经验。

3.3.1　国际碳排放权交易市场的前期实践经验

各个国家和地区面对温室气体减排压力，将碳排放权交易市场作为有效减排手段，并广泛应用，积累了前期实践经验。为推动我国碳排放权交易市场供给侧结构性改革，本小节探索欧盟碳交易系统、区域温室气体减排计划、新南威尔士温室气体减排体系和东京都碳排放权交易体系的实践经验。

欧盟碳交易系统（EU-ETS）采用"基于总量"管理模式，发挥市场机制作用，在一级市场上调控碳排放配额，在二级市场上进行交易，调控市场价格，引导成员国减少碳排放，促使企业履行责任，达到减排目的。欧盟碳交易系统经历了4个发展阶段，各个发展阶段的主要特征见表3-3。

表3-3　欧盟碳交易系统各个发展阶段的主要特征

<table>
<tr><td colspan="2" rowspan="2">阶段</td><td>第一阶段
2005—2007 年</td><td>第二阶段
2008—2012 年</td><td>第三阶段
2013—2020 年</td><td>第四阶段
2021—至今</td></tr>
<tr></tr>
<tr><td rowspan="3">总量
确定</td><td>预估方式</td><td>历史法</td><td>历史法</td><td>基准法</td><td>基准法</td></tr>
<tr><td>设定总量</td><td>22.36 亿吨/年</td><td>20.98 亿吨/年</td><td>2013 年 20.84 亿吨/年，接下来每年线性减少 1.74%</td><td>每年线性减小 2.2%</td></tr>
<tr><td>地区关系</td><td>自下而上的
NAPs 计划</td><td>自下而上的
NAPs 计划</td><td>自上而下的
NIMs 计划</td><td>自上而下的
NIMs 计划</td></tr>
<tr><td colspan="2">配额方法</td><td>95% 配额
免费分配</td><td>90% 配额
免费分配</td><td>有偿拍卖为主导，
配额免费分配
逐渐下降</td><td>有偿拍卖为主导，
免费分配预计到
2026 年下降为 0%</td></tr>
<tr><td colspan="2">配额交易</td><td>CEAs
CCERs</td><td>EUAs
CERs</td><td>EUAs
CERs
ERUs
EUAAs
MSR 储备</td><td>EUAs
CERs
ERUs
EUAAs
MSR 储备</td></tr>
<tr><td colspan="2">特点</td><td>免费分配
供大于求</td><td>跨期结转
需求减少</td><td>配额拍卖
稳定储备</td><td>收紧上限
创新融资</td></tr>
</table>

由表 3-3 可以看出，欧盟碳交易系统第一阶段和第二阶段的碳排放配额分配模式基本一致，即以总量为基础，运用"历史法"确定各个国家的碳排放配额分配方案，再由欧盟委员会进行统计，向减排企业发放碳排放配额，并结合"历史法"，利用历史碳排放确定未来碳排放。然而，按照"用多分多、用少分少"原则分配碳排放配额会产生不合理的激励机制，使企业在短期内超额减排。因此，从第三阶段开始，欧盟碳交易系统碳排放配额分配方法更改为"基准法"，实行自上而下的碳排放配额分配，由欧盟委员会控制碳排放配额总量（张晓燕等，2023）。在这一阶段，拍卖分配机制在欧盟碳交易系统的覆盖范围超过 57%，并预计在第四阶段达到 90%。

　　欧盟碳交易系统在前两个阶段开展碳排放权交易市场试点工作。在实施碳交易试点前期，碳排放配额供应充裕，但较少有企业参加。在严格履约和惩罚机制方面，欧盟碳交易系统不断加大处罚力度，由最初的 40 欧元/吨提高到 100 欧元/吨。欧盟碳交易系统在第二阶段新增了条款，当控排企业所缴纳的罚金不足以对冲当年的碳排放配额时，下一年补足剩余部分。欧盟碳交易系统在第三阶段根据欧洲消费价格指数调整罚款金额，惩罚力度随时间推移不断加重（李威，2023）。欧盟碳交易系统规模较大，制度完备，为其他国家建设和完善碳市场提供了经验。这些经验有助于我国碳排放权交易市场供给侧结构性改革。

　　区域温室气体减排计划（RGGI）是美国第一个强制性实施的减排体系，于 2003 年发起，2009 年 1 月 1 日正式实施。区域温室气体减排计划结合各个国家的法律和政策，分配区域内的碳排放配额，构建碳交易平台。区域温室气体减排计划的发展共分为两个阶段：第一阶段是 2009—2014 年，设定将碳排放量稳定在 2009 年的水平；第二阶段是 2015—2018 年，设定将总体碳排放量水平降低 10%。区域温室气体减排计划采用基于总量控制的交易模式，设置区域的总碳排放配额，综合考虑人口、电量、新排放源和地方协商等因素，为地方免费分配碳排放配额。地方利用拍卖方法分配碳排放配额，每个排放量主体所获得的碳排放配额可以在碳排放权交易市场购买和出售，拍卖比例达到 90% 以上，甚至达到 100%。区域温室气体减排计划采用定价统一、单轮密封投标和公开拍卖的形式分配碳排放配额，拒绝以最高价格结算，并设置一系列配套调节机制，优化碳排放权交易市场，有效降低碳排放（陈晓，张明，2022）。根据区域温室气体减排计划，地方签订谅解备忘录（MOU），建立统一且完备的法律体系、交易规则、配额管理和拍卖平台，具体的监管和奖惩机制等由成员州保留（吴大磊等，2016）。区域温室气体减排计划综合考虑不同的产业、建筑和能源类型设置规则模式，设立多个能源效率标准和其他的技术标准，形成更科学、更实用的规则模型（陈方明，戴佩慧，2015）。区域温室气体减排计划尊重各区域、各行业的差异性，有利于统一管理，为各个国家完善法规体系、构建统一碳排放权交易市场、建设碳排放权交易市场提供了经验。区域温室气体减排计划为我国碳排放权交易市场供给侧结构性改革提供借鉴和参考。

新南威尔士温室气体减排体系设定减排目标，提供减排奖励，采用基线减排与信用交易机制，按照分配基准下参与者对电力的实际需求配置合适的减排单位，分配基准下的参与者获得减排证书（NGACs与LUACs）抵消超额的碳排放量，鼓励企业减少温室气体排放量。新南威尔士温室气体减排体系不同于欧盟碳交易系统和区域温室气体减排计划的总量控制与排放交易机制。新南威尔士温室气体减排体系不断完善，为澳大利亚全面实施碳排放权交易市场奠定了基础（童俊军，2014）。新南威尔士温室气体减排体系逐渐调控碳排放权价格，在初始阶段确定碳排放权价格，固定碳排放权价格，逐步放宽浮动范围，最后达到完全浮动，避免碳排放配额供应过剩，导致碳排放权价格大幅降低。新南威尔士温室气体减排体系提供无偿的碳排放配额，补贴受到碳排放权交易市场影响的经济体，并减免税收，使用能源安全基金，降低消极影响。新南威尔士温室气体减排体系逐步探索和不断完善，为各个国家实施碳排放权价格机制、抑制负面影响以及保障市场稳定运行提供了实践经验，可为我国碳排放权交易市场供给侧结构性改革提供参考。

日本东京碳排放权交易体系（TokyoETS）于2010年4月启动，是世界上第三个采用总量控制与排放机制的交易体系。日本东京碳排放权交易体系采用积分制鼓励市民自愿减少能源使用，提高城市居民的环保意识和参与度，减少碳足迹。东京碳排放权交易体系主要经历了3个阶段：在第一阶段，准备前期政策，颁布相关法律文书，提高地方、企业与民众的环保意识，明确完成国家的减排目标是每个人的义务与责任；在第二阶段，构建碳排放权交易体系，制定碳排放权交易系统（JVETS）和碳信用交易系统

（JVER）；在第三阶段，构建地区强制总量交易体系（单良，骆亚卓，2021）。受限于减排潜力，日本主要利用国际排放贸易机制（IET）、清洁发展机制（CDM）以及与发展中国家建立的双边碳抵消机制（BOCM）参与国际碳排放权交易市场，降低碳排放。东京碳排放权交易体系主要由地方碳排放权交易市场、环境省和经济贸易产业省组成，各组成部分并存又相互独立，并在每一阶段制订相关计划和目标，建立碳排放权交易市场制度，在不同层次上制定相关政策和规定，利用特殊的折旧系统和补助金系统等金融政策支持企业，引导减排企业转变生产方式，鼓励技术创新，实现减排目标（杨慧，2018）。东京碳排放权交易体系不断完善，为碳排放权交易市场建设提供了经验，为我国碳排放权交易市场的供给侧结构性改革提供借鉴。

　　欧盟碳交易系统、区域温室气体减排计划、新南威尔士温室气体减排体系和东京碳排放权交易体系的共同点和不同点见表 3-4。所有系统均利用市场机制推动减排，参与者须支付额外的成本购买或出售碳排放配额；当履约期结束而未完成减排任务时，会有不同程度的处罚，以增加碳排放量较大企业的经济负担。所以，不同国家和地区应综合考虑实际情况，合理分配各个行业的碳排放配额，处理跨区域的碳排放权转移。各个国家和地区结合各自实际情况，应对气候变化的策略和方法有差异，具体的操作细节、覆盖范围和减排目标等方面有所不同。

表 3-4　国际主要碳排放权交易市场体系比较

	欧盟碳排放交易系统（EU-ETS）	区域温室气体减排计划（RGGI）	新南威尔士温室气体减排体系（NSWGGAS）	日本东京碳排放权交易体系（TokyoETS）
实施期限	第一阶段：2005—2007 年 第二阶段：2008—2012 年 第三阶段：2013—2020 年	2009—2018 年	2003—2012 年	第一阶段：2010—2014 年 第二阶段：2015—2019 年

	欧盟碳排放交易系统（EU-ETS）	区域温室气体减排计划（RGGI）	新南威尔士温室气体减排体系（NSWGGAS）	日本东京碳排放权交易体系（TokyoETS）
交易性质	区域强制性碳交易	区域强制性碳交易	地方强制性碳交易	地方强制性碳交易
交易机制	基于配额的总量控制与交易机制	基于配额的总量控制与交易机制	基于项目的基线减排与信用交易机制	基于配额的总量控制与交易机制
交易产品	配额	配额	减排证书	配额
履约期	1 年	3 年	1 年	5 年
处罚措施	第一阶段：超过排放量的部分，将按每吨 CO_2 当量支付 40 欧元的罚金；第二阶段：超过排放量的部分，将对每吨 CO_2 当量支付 100 欧元的罚金	未能履行义务的企业将被要求在下一履约期缴纳 3 倍的违约配额	超过排放量的部分，将按每吨 CO_2 当量支付 11.5 澳元的罚金	超过排放量的部分将最高处以 500 000 日元的罚金，以及 1.3 倍的额外费用。同时对未能实现的减排量，要求在下一履约期减排量的基础上将增加其差额的 1.3 倍

应结合碳排放权交易市场的前期实践经验，探究碳排放权交易市场的运行机制和原理，理解法律基础、基础框架设计、相关机构安排和调控政策等碳排放权交易市场要素。深化碳排放权交易市场供给侧结构性改革可有效管理市场敏感信息，减少免费碳排放配额，调整碳排放权交易市场系统，促进碳排放权交易市场健康发展，推动我国高排放行业实现产业结构和能源消费的绿色低碳化发展，促进高排放行业实现碳达峰目标。

3.3.2　我国碳排放权交易市场供给侧结构性改革的经验

我国推动碳排放权交易市场的供给侧结构性改革，碳排放权交易市场不断完善，积累了丰富经验。

2008—2011 年，《京都议定书》在我国正式生效，我国碳排放权交易市场正式启动。2011 年，我国建立碳排放权交易试点制度，碳排放权交易市场进入起步阶段。在这一阶段，我国着力构建基础设施和政策框架，确立碳排放权交易市场的基本要素。

2011 年 10 月，北京市、上海市、天津市、重庆市、深圳市、广东省和湖北省开展碳排放权交易市场试点工作。我国实施碳排放权交易市场供给侧结构性改革，结合碳排放权交易市场运行发展的实践经验，基本建成主体清晰、规则完善和监管到位的区域碳排放权交易市场，为第二轮建设碳排放权交易市场试点和全国碳排放权交易市场积累了宝贵的实践经验。在这一阶段，我国探索碳排放权交易的操作流程和机制设计，评估市场效果，积累了宝贵经验。碳排放权交易市场试点的经验为全国碳排放权交易市场的碳排放配额分配方式、碳排放权交易市场的政策和交易制度提供了实践支撑。我国碳排放权交易市场体系逐步完善。

此后，我国深化碳排放权交易市场的供给侧结构性改革，各项规则和制度逐渐优化，市场透明度和效率逐渐提高，碳排放权交易市场进入完善阶段。根据《温室气体自愿减排交易管理暂行办法》，我国构建了自愿减排交易市场框架，补充了强制性碳排放权交易市场，随后，进一步提出推行全国碳交易，发展碳排放权交易制度，并制定《碳排放权交易管理暂行办法》，明确构建全国碳排放权交易市场基本框架。之后，石油、化工、建材、钢铁、有色金属、造纸、电力和航空等重点排放行业纳入全国碳排放权交易体系，核算企业历史碳排放，为分配碳排放配额提供数据支撑。碳排放权交易市场的组织体系、资金技术和市场制度的顶层设计不断完善。按照《关于构建绿色金融体系的指导意见》，我国发展各类碳金融产品，促进建立全国碳排放权交易市场和有国际影响力的碳定价中心，有序发展碳远期、碳期权、碳租赁、碳债券、碳资产证券化和碳基金等金融产品和衍生工具，探索碳排放权期货交易。碳金融市场的产品创新完善了碳排放权交易市场，有效发挥了碳金融在碳资源优化配置中的积极作用。

我国不断推动碳排放权交易市场的供给侧结构性改革，不断完善碳排放权交易市场制度，逐渐形成碳排放权交易市场的基本框架，碳排放权交易市场形成的条件达到成熟。我国碳排放权交易市场进入成熟阶段。2017 年年末，全国碳排放权交易市场正式启动，碳交易活动正式展开，此后，参与者不断增加，交易量和交易额稳步增长。我国按照《全国碳排放权交易管理办法（试行)》，规范全国碳排放权交易市场及其相关活动，强化碳排放总量的管控，为加速发展全国碳排放权交易市场奠定了坚实的法治基础。2021年，全国碳排放权交易市场的首轮交易正式开始，全国碳排放权交易市场的建设和发展进入正式运行阶段。我国碳排放权交易市场已经具备相对完整和成熟的生态体系，可以满足减排需求，实现可持续发展目标。全国碳排放权交易市场共有 2 000 余家发电行业参与，第一个履约周期每年覆盖45亿吨的二氧化碳排放量，占全国碳排放总量的40%左右，成为全球碳排放量最大的碳排放权交易市场。我国利用碳排放权交易市场控制温室气体的排放总量与峰值，鼓励控排企业技术创新，推动技术与资本低碳发展，促进新旧动能转换和优化，调整能源消费结构，实现转型升级。这成为我国应对气候危机、实现绿色经济发展的重要手段。

3.4 碳排放权交易市场供给侧结构性改革的建设路径

我国深化碳排放权交易市场供给侧结构性改革，总结碳排放权交易市场试点的建设与运行经验，建设碳排放权交易市场体系。我国不断总结碳排放权交易市场试点体系的制度设计与运行经验，构建全国碳排放权交易市场体系，发挥市场机制作用，有效防止区域间"碳泄漏"，实现绿色低碳发展，并按照"自下而上"或"自上而下"路径，推动碳排放权交易市场的供给侧结构性改革，建设全国碳排放权交易市场体系。本节剖析两种建设路径的实施过程，对比两种路径的优缺点，阐述我国选择"自上而下"建设路径的影响因素。

3.4.1 碳排放权交易市场的建设路径分析

采用"自下而上"的建设路径，可扩大试点范围，建设区域碳排放权交易市场，连接各区域碳排放权交易市场，逐步形成全国碳排放权交易市场，提高地方碳排放权交易市场体系的自主性与灵活性。按照全国碳排放权交易市场体系的建设思路，地方可依据自身经济发展水平、产业结构、能源消费结构、排放结构和技术能力等因素，构建区域碳排放权交易市场，不断发展区域碳排放权交易市场，连接区域碳排放权交易市场，构建全国碳排放权交易市场。"自下而上"的碳排放权交易市场的建设路径如图 3-6 所示。

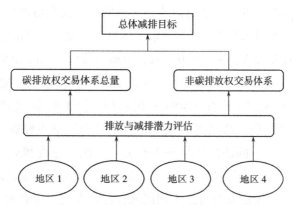

图 3-6　碳排放权交易市场的"自下而上"建设路径

不同区域碳排放权交易市场的规则差异较大，不同区域的规章和制度存在较大差异。因此，不同区域设计和建设各自的注册登记系统以及交易平台等碳排放权交易市场体系要素时，须综合考虑全国碳排放权交易市场的前期建设和运行成本。在碳排放权交易市场一体化前期，采用"自下而上"的建设路径。可能会影响国家的资源分配与市场运作效率。协调区域碳排放权交易市场时，总量控制目标、配额分配方法、履约机制、价格调控机制和监测-报告-核查（MRV）机制等设计要素之间存在差异，因此区域碳排放权交易市场体系的连接存在技术障碍和政治挑战。我国碳排放权交易市场试点地区的碳排放权交易市场制度有所不同，在立法形式、覆盖范围、配额分配和履约机制等关键要素的设计方面各有特色，差异性明显，兼容性差。这给区域碳排放权交易市场的体系连接带来技术障碍，直接影响区域碳排放权交易市场体系连接的可行性。

使用"自下而上"的建设路径使碳排放权交易市场体系之间关键要素存在差异性和多样性，使区域碳排放权交易市场差异性发展。这导致区域碳排放权交易市场体系的连接面临技术和协调障碍。连接区域碳排放权交易市场体系，需要修改和调整现有的碳排放权交易市场试点制度，要求各区域共同决策与协调，执行过程烦琐，执行成本高，制度阻力大。例如，北京市碳排放权交易市场试点积极探索与周边非试点地区的连接，分别与承德市、呼和浩特市和鄂尔多斯市建立了跨区域碳排放权交易市场。北京市碳排放权交易制度无法在周边地区实施，只能接受承德市等地的单向出售，无法有效处罚其他区域的不履约企业，无法有效连接区域碳排放权交易市场。广东省和湖北省在碳排放权交易市场设计初期探索了区域碳排放权交易市场体系的连接，但体系要素设计差异大，未能成功连接区域碳排放权交易市场体系。

采用"自上而下"的建设路径，可综合考虑覆盖范围、配额分配方法、履约机制、监测-报告-核查（MRV）机制和监管体系等，借鉴国外碳排放权交易市场体系经验，总结国内碳排放权交易市场试点经验，制定全国统一的规则，出台统一的法律依据和工作方案，统一建设和运行注册登记系统和交易系统，建立全国碳排放权交易市场。全国统一的规则限制了地方的灵活性和自主权，无法充分考虑不同区域在经济发展、排放水平和结构、技术水平等方面的差异。"自上而下"建设路径的结构如图3-7所示。

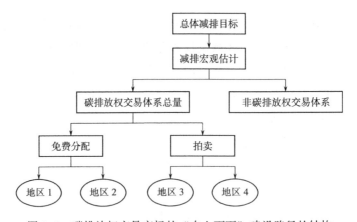

图3-7 碳排放权交易市场的"自上而下"建设路径的结构

与"自下而上"的建设路径相比，采用"自上而下"的建设路径可以降低碳排放权交易市场体系建设的复杂程度，有效减少碳排放权交易市场的建设成本与运行成本。全国统一的规则可以有效避免碳排放权交易市场的区域分割，提高碳排放权交易市场的资源配置效率。采用"自上而下"的建设路径，结合各统一的监测-报告-核查机制（MRV）和碳排放配额分配等制度，可提高各区域碳排放配额的一致性和碳排放权交易市场的公平性，具有一定优势和可行性。

3.4.2　我国碳排放权交易市场的路径选择

为推动我国碳排放权交易市场供给侧结构性改革，有效应对区域碳排放权交易市场连接面临的技术障碍与政策难题，我国采用"自上而下"的路径建立全国碳排放权交易市场体系，制定全国统一的体系设计与运作规则。地方负责具体实施，提高全国碳排放权交易市场制度的完整性与一致性。根据总体建设思路，全国碳排放权交易市场体系统一完整，覆盖行业、纳入门槛、配额分配方法、监测-报告-核查机制、履约机制、市场监管、注册登记系统和交易系统等体系要素完整一致。

使用"自上而下"的建设路径可保证全国碳排放权交易市场体系的完整性。我国充分考虑覆盖范围和碳排放配额分配方法等全国碳排放权交易市场体系设计和建设中存在的区域差异性问题，细分相关行业和技术，给予地方一定的自主性和灵活性，提高地方参与全国碳排放权交易市场建设和运行的积极性，有效降低了减排成本。经过批准，地方可以扩大全国碳排放权交易市场体系在本区域内的覆盖行业范围，降低碳排放权交易市场体系纳入企业的排放门槛，地方在本区域内可实施比国家规定的碳排放配额分配方法更严格的分配方法。

3.5　碳排放权交易市场供给侧结构性改革的协同机制

深化碳排放权交易市场供给侧结构性改革须由国家、企业和公众协同推进，法律、技术和金融等方面须协同支持和配合。本节分析碳排放权交易市场的协同作用机制，剖析碳排放权交易市场的经济发展效应和环境保护效应，解析碳排放权交易市场的协同作用机制、协同运行机制及主要环节。

3.5.1　碳排放权交易市场的协同作用机制

二氧化碳排放量与环境污染物排放量存在紧密联系。在碳排放权交易市场中，利用碳排放权机制，一定程度上减少了二氧化碳的排放，实现减排目标，同时降低其他温室气体的排放量，体现了碳排放权交易市场的协同作用。所以，发挥碳排放权交易市场的协同作用机制，有效调控碳排放，实现绿色低碳发展，体现了碳排放权交易市场的宏观协同作用。发挥碳排放权交易市场的协同作用机制，推动我国高排放产业的工业结构向低碳化工业结构转变，促使高排放产业实现碳达峰，体现了碳排放权交易市场的微观协同作用。协同作用机制揭示了碳排放之间的内在联系和内在机理，如图 3-8 所示。

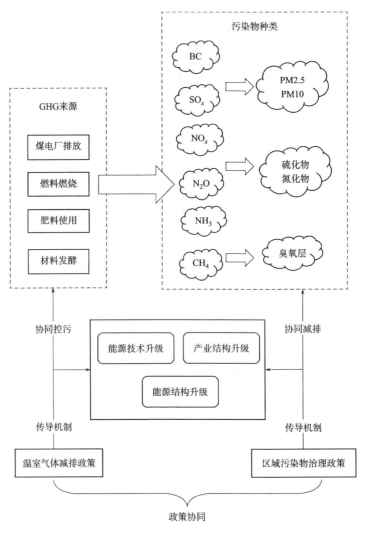

图 3-8　碳排放权交易市场的协同作用机制

由图 3-8 可知，协同控污和协同减排传导机制共同形成碳排放权交易市场的协同作用机制。合理确定碳排放权价格，引导资本流向减排潜力更大的产业，提高碳汇，可推动可再生能源开发，保护生态效益。碳排放权交易市场展现出显著的协同作用。

3.5.2　碳排放权交易市场的协同运行机制

在全国碳排放权交易市场中，登记系统、监测与数据报送系统、交易结算系统等支撑系统协同运行，发挥着重要作用。交易机构、交易主体、主管部门、交易方式、交易周期、交易品种、交易规则、交易价格和交易制度等核心要素协同发展，共同构成全国碳排放权交易市场的运行框架，有效交易与管理碳排放配额，保障碳排放权交易市场顺利运行。碳排放权交易市场的协同运行体系如图 3-9 所示。

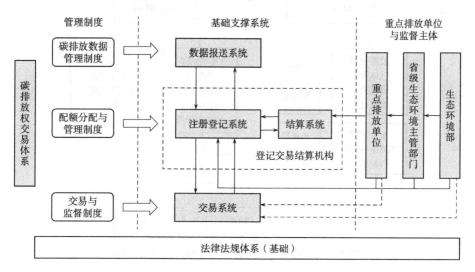

图 3-9　碳排放权交易市场的协同运行体系

碳排放权交易市场的覆盖范围、配额管理、监测-报告-核查（MRV）机制、交易管理和监管机制等因素共同组成碳排放权交易市场的协同运行体系。其中，在碳排放权交易市场协同运行体系建设初期，碳排放权交易市场仅覆盖二氧化碳一种温室气体，当前则覆盖了温室气体排放源和种类，以及化工、建材、造纸、电力和航空等具体行业。

碳排放权交易市场的运行环节紧密相关，协同发展，应利用配额分配方案和清缴履约管理碳排放配额，并结合预分配调整、有偿分配、免费分配，按照"历史法"制定配额分配方案，分配碳排放配额。应采用清缴履约，由第三方核查机构核算重点排污单位的碳排放量，比较实际排放量与获得的碳排放配额。根据碳交易管理机构的规定，当碳排放配额盈余时，可出售剩余的碳排放配额，获取额外利益或留至下一年再次使用。当碳排放配额不足时，须从碳排放权交易市场购买碳排放配额或抵消碳排放配额，提供不低于上一年确定的排放量的碳排放配额或抵消碳排放配额量。在碳排放权交易市场中，可采用自身减排、购买碳排放配额和购买抵消权的履约方式管理碳排放配额。监测–报告–核查机制（MRV）机制与履约机制协同运行，如图 3-10 所示。

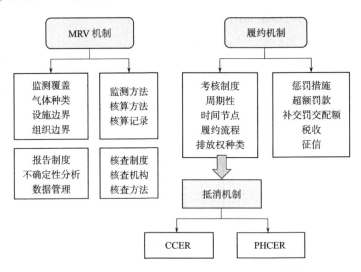

图 3-10 监测–报告–核查机制与履约机制的协同

在碳排放权交易市场管理方面，可利用监测–报告–核查机制，督促控排企业主动监测和报告碳排放量，并规定第三方定期核查，从而提高数据的准确性和真实性，进而有效管理碳排放权交易市场。碳排放权交易市场监测–报告–核查机制的协同过程如图 3-11 所示。

在监测环节，控排企业测量、采集、分析和记录能耗和材料利用等方面的信息，精确估算其二氧化碳排放量。在报告环节，控排企业加工、整理和分析所收集到的数据，根据权威机构制定的统一格式，报送相应的碳排放报表，使管理部门了解企业的温室气体排放情况，提供进一步核查的依据。在核查环节，第三方独立机构进行文档审核和实地考察，核实控排企业提交的碳排放报告，提高数据的准确性和真实性。

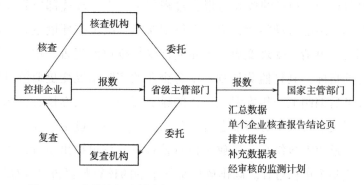

图 3-11　碳排放权交易市场监测-报告-核查机制的协同过程

在碳排放权交易市场中，结合监测-报告-核查机制，核算、报告与核算参与方协同开展工作。职责分工见表 3-5。

表 3-5　核算、报告与核算参与方的职责分工

	生态环境部	省生态环境厅	重点排放单位	核查机构
总体管理	编制指南 总体安排 监督管理	—	—	—
核算	—	受理监测计划备案申请，受理变更	制订监测计划 申请监测计划变更	—
报告	—	受理排放报告	编制上一年度温室气体排放报告	—
核查	—	受理核查申诉	对核查有异议可提出申诉	编制核查报告

	生态环境部	省生态环境厅	重点排放单位	核查机构
监督检查	通过对排放报告和核查报告进行复查等方式实施监督检查	通过对排放报告和核查报告进行复查等方式实施监督检查	配合检查	编制复查报告

　　碳排放权交易市场的核算与报告过程如下：生态环境部监管总体，设定总体目标，制定行动指南，部署总体安排。省级生态环境主管部门受理监测计划备案申请，受理变更，公布允许受理排放的报告。重点排放单位根据下达的指标，制订监测计划，结合企业的实际情况变更监测计划，完成排放任务后编制上一年度温室气体的排放报告。第三方核查机构编制核查报告，提交至省级生态环境主管部门。省级生态环境主管部门核查受理排放报告，返回审核结果，排放单位对核查有异议可提出申诉，生态环境部监督检查整个审核过程。碳排放权交易市场的核算与报告过程如图3-12所示。

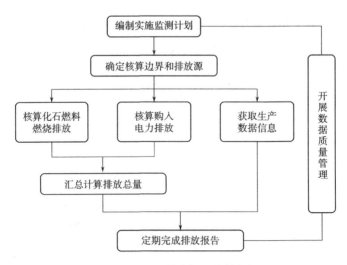

图3-12　碳排放权交易市场的核算与报告过程

　　深化碳排放权交易市场供给侧结构性改革，可按照协同配套的碳交易规则，识别、评估和管理各种风险，规定碳排放权注册登记机构和交易机构的运作方式，规范全国碳排放权交易及相关活动，推动构建全国碳交易平台，有效管理碳排放权交易市场，促进碳排放权交易市场稳定健康发展。

《碳排放权登记管理规则（试行）》《碳排放权交易管理规则（试行）》和《碳排放权结算管理规则（试行）》等法规的制定和实施，规定了全国范围内注册、交易系统的开户、运营和维护等协同工作，建立了全国碳排放权交易市场运作的基本框架，提高了碳排放权交易市场的公平性、公正性和透明性，形成了碳排放权交易市场的协同监管体系，如图 3-13 所示。

推动碳排放权交易市场良性发展，应避免过度投机，防范金融风险。注册登记机构和交易机构应建立完善的风险管理制度和信息披露制度，制订适当的风险管理预案，及时公布碳排放权登记、交易和结算等信息，及时发现交易价格的连续涨跌或大幅波动，识别重大业务风险和技术风险，关注重大诉讼，及时分析和报告。

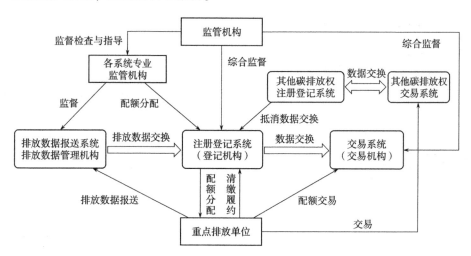

图 3-13　碳排放权交易市场的协同监管体系

深化碳排放权交易市场供给侧结构性改革，应建立碳排放权交易市场的协同运行机制。我国建立完善的法治监督机制，设置碳排放权交易的法治监督内容，赋予相关机构组织监督的权利和义务。我国建立碳排放权交易的法治监督流程、信息交流和反馈机制，实施碳排放权交易市场的全方位监管，推动碳排放权交易市场高效运行。根据碳排放权交易市场的协同运行机制，我国制定碳排放权交易市场政策，推动碳排放权交易市场运作。根据国家的减排目标，可确定碳排放权交易市场参与者的碳排放配额，建立交易平台。根据价格信号，碳排放权交易市场参与者自由交易，优化资源配置，定期向管理部门报告碳排放数据，购买或使用自身碳排放配额覆盖碳排放。在碳排放权交易市场中，应监测和核查碳排放权交易市场参与者的碳排放，设置合规标准，采用罚款或其他措施，惩罚未能满足碳排放配额要求的企业，保证市场稳定和有效运行。在碳排放权交易市场中，有效运行法治监督机制可以激励企业减少碳排放，推动经济增长模式向绿色低碳方向转变，健全绿色低碳发展机制，实现绿色低碳发展。

第 4 章

我国碳排放权交易市场供给侧结构性改革的政策效果评估

由于我国进行碳排放权交易市场供给侧结构性改革，未来二氧化碳的排放量总量将受到严格约束。我国的经济发展有着巨大的碳排放需求，因此，为实现我国经济平稳健康发展，实施碳排放权交易市场供给侧结构性改革、提高碳排放效率至关重要。从外部性视角看，环境资源是有限的，环境污染表现出明显的负外部性。由于环境污染的负外部性特征，仅依靠"看不见的手"的市场自发调节，可能导致市场失灵，无法实现资源的有效配置。依靠限排污量和指定排污技术等命令型环境规制，可以在短期内有效改善环境质量，但是无法获取减排边际成本，容易导致大量企业破产，而放松监管会致使碳排放量报复性上升。目前来看，依靠市场自身机制与命令型环境规制不能有效提高碳排放效率，难以实现绿色低碳发展。

为了释放市场活力，我国推行碳排放权交易市场试点建设，实施碳排放权交易市场供给侧结构性改革，引导企业绿色生产，提升碳排放效率，实现绿色低碳循环发展。根据碳排放权交易市场机制实施和推动碳排放权交易市场供给侧结构性改革可以减少碳排放量，提高碳排放效率，维护正常的市场经济秩序，实现绿色低碳发展。本章分析碳排放压力和经济转型挑战，评估碳排放权交易市场供给侧结构性改革的政策效果，并分析碳排放权交易市场供给侧结构性改革对碳排放效率的影响作用机制，探索碳排放权交易市场供给侧结构性改革政策效果的作用路径。

4.1　作用机制与研究假设

推动碳排放权交易市场供给侧结构性改革需要通过设置碳排放配额总量对相关企业发出减排信号，促进企业优化碳排放。本节根据熊彼特创新增长理论和内生经济增长理论，分析碳排放权交易市场供给侧结构性改革的低碳技术创新效应与产业结构调整效应，探索碳排放权交易市场供给侧结构性改革政策效果的作用路径，解析碳排放权交易市场供给侧结构性改革的环境规制调节效应，推动碳排放权交易市场供给侧结构性改革。

4.1.1　作用机制

1. 环境规制的政策效果

环境规制可利用市场手段倒逼企业进行绿色技术革新，调整高排放的生产环节，限制高排放企业的生产经营活动（毛建辉等，2020）。采用环境规制可提高高排放企业的市场准入门槛，增加高排放企业的市场成本，引导企业使用低碳技术。这成为构建高进入壁垒的重要手段。

下面分析命令型环境规制和市场型环境规制的政策效果，剖析命令型环境规制和市场型环境规制对碳排放效率的影响，重点辨析碳排放权交易市场供给侧结构性改革市场型环境规制的政策效果。按照碳排放权交易市场供给侧结构性改革要求，采用命令型环境规制，利用统一的命令和指令保证二氧化碳排放量不超过一定标准，无法实现企业的平均减排成本均衡，社会总减排成本仍然较高，存在优化空间。利用市场型环境规制可鼓励减排成本较低的企业出售自身的减排额度，应用减排技术促进技术创新，减少社会总减排成本（Downing, White, 1986; Malueg, 1989）。

命令型环境规制与市场型环境规制相互配合，引导企业研发低碳技术，发挥政策效果。研究人员分析环境规制对产业调整的传导机制，综合评估多种环境规制工具，发现命令型环境规制与碳排放权交易市场的市场型环境规制在作用方式上存在差异，但可以相互补充，共同推动企业向低碳创新转型。命令型环境规制和市场型环境规制设置高排放企业的市场准入障碍，增加高排放企业的市场参与成本，促进区域间技术交流与传播，加速低碳技术的持续进步与优化，实现预期政策效果（徐开军等，2014）。

利用命令型环境规制和市场型环境规制可推动产业升级，发挥政策效果。环境规制调整资源分配方式可抑制经济发展的高排放活动，实现碳减排目标。环境规制发挥引导与激励作用，集聚关键的要素资源，实现资源有效配置，促进产业从高排放高能耗向绿色低碳转型，推动产业升级（胡珺等，2020）。研究发现，环境规制政策提升了高排放企业的专业化水平，严格的环境规制政策可以有效促进产业结构优化（余珮等，2019）。

加强碳排放权交易市场供给侧结构性改革，应以市场激励为核心，通过完善市场型环境规制提升其影响力与作用力，从而健全绿色低碳发展机制，实现绿色低碳发展。

2. 低碳技术创新效应

深化碳排放权交易市场供给侧结构性改革，应用低碳技术创新，使用较低的能源实现更高的产出，可提高碳排放效率。企业持续增加低碳技术的研究与开发，提高产品绿色创新水平，降低能源消耗和碳排放的强度。推动碳排放权交易市场供给侧结构性改革，利用低碳技术推动经济增长模式的转型，可优化严重依赖能源的经济增长模式，降低经济发展过程中碳排放量的增长，提升碳排放效率。研究人员分析制造业的二氧化碳排放，发现低碳技术创新降低的能源强度是减少碳排放的关键因素（孙宁等，2011）。研究表明，低碳技术创新在短期内对降低能源强度的影响并不显著，但在长期内，低碳技术创新可以显著降低能源强度，这种影响与碳市场政策制度密不可分（冉启英，徐丽娜，2020）。

碳排放权交易市场供给侧结构性改革通过资源配置的优化和创新活动的经济激励两个渠道促进低碳技术创新，提高碳排放效率，实现绿色低碳发展。推动碳排放权交易市场供给侧结构性改革使碳排放权交易市场强化了企业优化资源分配的动机，即利用碳排放配额形成企业约束，倒逼企业进行低碳技术创新，激发企业的创新活力，促使企业运用资本积累与技术创新提升碳排放效率。低碳技术创新可以提升企业在市场中的竞争力，形成相对竞争优势，弥补企业的相对竞争劣势（吴继贵，叶阿忠，2016；张曦，郭淑芬，2020）。按照碳排放权交易市场供给侧结构性改革要求，企业应不断增加低碳技术创新投入，积累知识资本，逐渐过渡到知识集约型发展模式。关键的知识密集型生产要素逐渐形成需依托劳动力要素，有效提升劳动生产率。在碳排放权交易市场供给侧结构性改革过程中，依靠低碳技术创新，资本的流转和生产要素的重新组合可持续改进资源分配模式，提升企业的能源利用效率，降低单位能耗和单位碳排放，提升碳排放效率。研究人员从驱动与制动两方面建立了碳排放影响因素框架，开展理论分析，实证分析产业结构、碳排放权交易市场和低碳技术创新对碳排放的影响（李志学等，2019）。研究结果表明，在碳排放权交易市场中，运用低碳技术创新，可以有效实现碳减排。碳排放权交易市场供给侧结构性改革对碳排放效率的作用路径如图4-1所示。

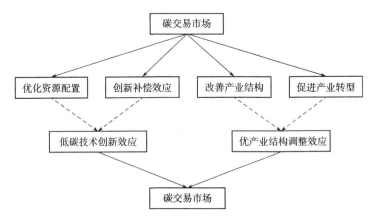

图4-1　碳排放权交易市场供给侧结构性改革对碳排放效率的作用路径

推动碳排放权交易市场供给侧结构性改革可激励企业融资，产生创新补偿效果，激发内生动力和创新活力。相比于碳排放量约束倒逼机制的被动拉力，碳排放权交易市场供给侧结构性改革可以主动激励企业生成内生的推动效应，从而提升碳减排效率。一些实践经验证实，发挥碳排放权交易市场机制可以促进企业低碳技术的革新，激励企业创新（Karoline S，2018），即企业利用新型低碳技术降低碳排放量，推动碳排放量低于碳排放配额，将多余的碳排放配额在碳排放权交易市场出售，获得额外的收益。根据熊彼特创新增长理论，可构建包含家庭、最终产品部门、中间产品部门、研发部门和金融中介部门的理论模型，实证分析二氧化碳排放效率与金融发展和低碳技术创新之间的关系（João，Frederico，2012）。研究结果表明，碳排放权交易市场能够激励企业的低碳技术创新活动，推动企业低碳技术的研发和革新，节约碳排放配额。在市场竞争中，企业间不同的降碳成本决定产业结构调整的效率优势，企业使用更低的成本生产可节约碳排放配额，增强企业的市场竞争力，实现资源配置效率最优和效益最大化。

从收益与风险的角度来看，低碳技术创新处于新兴领域，创新的难度较大，往往需要较长的研发周期和较大的资金投入，而低碳技术的投资收益较高，一旦成功应用于关键生产环节，将显著减少碳排放量。面对长周期和高投入的研发行为，一些企业容易过分关注短期利益，忽视低碳技术创新的长期效益，因此，低碳技术创新的研发行为具有高风险和高稳定性的特点。推动碳排放权交易市场供给侧结构性改革可以为低碳技术创新提供制度支持和激励机制，有助于促进高风险、长周期的低碳技术创新研发，提高碳减排效率，实现绿色低碳发展。碳排放权交易市场供给侧结构性改革可激发企业低碳技术创新，带来新的外部收益，激发企业的创新动力。研究人员实证分析碳金融与可再生能源技术创新之间的关系，研究发现，金融工具能有效降低企业的低碳技术创新研发成本，为相关技术的研发提供资金保障，提升能源效率（齐绍洲，张振源，2019）。

3. 产业结构调整效应

推动碳排放权交易市场供给侧结构性改革可以深化产业结构调整，提高碳排放效率，实现绿色低碳发展。研究人员从产业调整幅度和产业调整角度分析了产业结构调整与能源效率的演变特征和动态关系，采用空间杜宾模型实证分析产业调整对能源效率的空间溢出效应（于斌斌，2017）。研究结果表明，我国城市能源效率呈现 M 形变化趋势，与产业结构调整存在着显著的空间相关性。优化产业结构对提高能源使用效率具有积极影响，不恰当的产业结构调整可能会降低能源效率，尤其是次级产业，增加生产要素需求量反而增加产业碳排放量（杜莉，李博，2012）。研究人员探究了碳排放权交易市场对区域经济结构的影响，研究发现，降低第二产业比重是降低碳排放总量的重要途径（宋晓玲，孔垂铭，2018）。

加强碳排放权交易市场供给侧结构性改革，可优化产业结构调整，提高碳排放效率，健全绿色低碳发展机制，实现绿色低碳发展。发挥碳排放权交易市场机制作用，设置行业碳排放标准，可以衡量企业的碳排放情况，催生合理的产业结构。深化碳排放权交易市场供给侧结构性改革，应建立低碳联盟，加强合作，形成一定的集聚效应与规模效应，促进产业结构转型。推动碳排放权交易市场供给侧结构性改革应不断提升产业协调度，不断优化产业结构，构建特定行业产业优化和升级网络的低碳联盟，在一定区域内建立关键的市场联系。深化碳排放权交易市场供给侧结构性改革可使生产要素和资本要素实现有效融合，推动了产业结构、能源结构和碳排放权交易市场的统筹发展，并可逐步提升产业间协同，持续优化产业结构。加强碳排放权交易市场供给侧结构性改革可带来企业内部流程的重新组合，创造更高的产品附加值，完善推动高质量发展激励约束机制，塑造发展新动能、新优势。

实施碳排放权交易市场供给侧结构性改革，发挥市场机制作用，可实现优胜劣汰，即碳排放量较高且消极面对的企业因成本过高或不规范将被市场淘汰，也可促进产业转型升级。研究人员分析我国产业结构与碳金融和碳排放权交易市场的关系，发现碳排放权交易市场推动了产业结构优化，增强了产业间的协同效应，在淘汰过剩产能的过程中发挥着积极作用，为产业结构的调整和升级提供了有效的外部驱动力（梅晓红，2015）。一些研究深入探讨碳排放权交易市场对我国特定行业转型升级的影响，分析碳排放权交易市场对电力行业转型的推动作用，研究结果表明，在碳排放权交易市场机制作用下，我国电力行业的转型步伐显著加快（Li，2018）。碳排放权交易市场引导企业优化战略规划，通过内在机制影响企业生产模式，促进产业结构调整和优化，加速产业转型升级。加强碳排放权交易市场供给侧结构性改革可为企业提供经济激励，鼓励采用更清洁、更高效的生产技术，减少碳排放，健全绿色低碳发展机制，实现绿色低碳发展。

加强碳排放权交易市场供给侧结构性改革可调整产业结构，企业的能源结构将持续优化。随着产业结构升级，重煤重油的能源消费结构已经不能适应当前的产业变化，企业须优化能源结构以适应产业发展。传统能源结构产生过高的碳排放，这导致企业碳排放配额不足，购买碳排放配额消耗的成本增加了传统能源结构的生产成本。企业可积极选择低碳能源，持续优化能源结构。因此，深化碳排放权交易市场供给侧结构性改革可使企业不断优化能源结构，提高碳排放效率，可促进绿色低碳循环发展经济体系建设。

4.1.2　研究假设

实施碳排放权交易市场供给侧结构性改革可提升碳排放效率。根据波特效应假说，深化碳排放权交易市场供给侧结构性改革，设计合理的市场型环境规制，可激励生产企业采用符合自身实际情况的方式实现碳减排目标，可实现以较低的社会总生产成本完成绿色转型（Oates，1989）。加强碳排放权交易市场供给侧结构性改革可动态激励技术创新，塑造发展新动能新优势。

市场机制作用可把二氧化碳排放权作为商品，建立碳排放权交易市场，形成市场型环境规制，解决二氧化碳减排问题。深化碳排放权交易市场供给侧结构性改革可积极应对气候变化，加快完善落实"绿水青山就是金山银山"理念的体制机制。当按照命令型环境规制时，企业碳排放达到限额后，受到行政命令约束只能停产。当按照市场型环境规制时，碳排放配额不足的企业可以购买碳排放配额，拥有额外碳排放配额的企业可以出售碳排放配额，获得利润，实现帕累托改进。按照碳排放权交易市场供给侧结构性改革要求，企业会主动加大环保投资，改进技术工艺，加强低碳技术创新，提高环境责任意识。这样，可提升地区的碳排放效率（姬新龙，2021）。从以上分析来看，碳排放权交易市场供给侧结构性改革对提高地区的碳排放效率产生正面影响。

据此，提出有待验证的如下假说。

假说 1：碳排放权交易市场供给侧结构性改革可以显著提高地区的碳排放效率。

在不同条件下和不同区域，碳排放权交易市场供给侧结构性改革对碳排放效率的影响效果可能存在显著性差异。推动碳排放权交易市场供给侧结构性改革可使东部地区的碳排放效率水平较高。中部地区碳排放权交易市场正处于发展和转型的关键时期，碳排放效率的提高效果会更加显著。在西部地区，碳排放权交易市场供给侧结构性改革加重了能源利用效率较低企业的生存压力，可使企业更加注重节能减排，这样，可提升西部地区的碳排放效率（王倩，2018）。从以上分析来看，碳排放权交易市场供给侧结构性改革对碳排放效率的政策效果在不同区域之间存在差异。据此，提出有待验证的如下假说。

假说 2：碳排放权交易市场供给侧结构性改革对碳排放效率提升的影响具有地区异质性。

下面从人才要素驱动效应和技术要素驱动效应两方面分析碳排放权交易市场供给侧结构性改革对碳排放效率的调节效应，提出调节机制检验的假设。

首先分析碳排放权交易市场供给侧结构性改革的人才要素驱动效应。根据波特假说，在总产出一定的情况下，碳排放权交易市场供给侧结构性改革倒逼企业综合考虑碳排放成本，使企业尽可能减少碳排放，提升碳排放效率。根据内生经济增长理论，人才要素是技术进步的关键要素。人才要素从内部激发新技术，吸收外部先进绿色技术，提升碳排放效率。人才要素越丰富的地区，技术熟练度越高，技术与企业内部的特征相结合可加速企业内部的技术升级和改造，提高碳排放效率。人才要素丰富的地区，容易吸收外来先进清洁技术，提高碳排放效率。据此，提出有待验证的如下假说。

假说 3：人才要素越丰富的地区，碳排放权交易市场供给侧结构性改革对碳排放效率的提升效果越好。

再分析碳排放权交易市场供给侧结构性改革的技术要素驱动效应。加强碳排放权交易市场供给侧结构性改革可促进先进清洁技术的引入，保护绿色生产技术的知识产权，完善知识产权保护制度，为提高低碳技术创新效率提供有效保障。深化碳排放权交易市场供给侧结构性改革可使知识产权制度和技术要素更受重视，使低碳技术研发项目获得高回报，使企业不断投入关键技术研发，形成良性循环，获得长期的市场竞争力。实施碳排放权交易市场供给侧结构性改革可激励企业增加低碳技术投资，形成良好的竞争态势。据此，提出有待验证的如下假说。

假说4：技术要素越丰富的地区，碳排放权交易市场供给侧结构性改革对碳排放效率的提升效果越好。

碳排放权交易市场供给侧结构性改革可以促进要素市场的发育，从而提升碳排放效率。实施碳排放权交易市场供给侧结构性改革后，碳排放权交易市场可以提升各个地区的要素市场发育度，这使市场化水平提高，企业可以利用多种市场手段提高碳排放效率，降低碳排放量（史丹，李少林，2020）。从以上分析来看，碳排放权交易市场供给侧结构性改革通过要素市场对碳排放效率产生影响。据此，提出有待验证的如下假说。

假说5：碳排放权交易市场供给侧结构性改革可通过提升要素市场发育程度对碳排放效率产生影响。

4.1.3 企业碳排放决策的理论模型

本小节构建企业碳排放决策的理论模型，分析碳排放权交易市场供给侧结构性改革对碳排放效率的影响，模拟碳排放权交易市场供给侧结构性改革的政策效果。

首先，在企业碳排放决策的理论模型中，综合考虑成本与收益问题，当成本或收益发生变动时，模拟企业的碳排放决策和碳排放行为，再建立碳排放权交易市场的企业微观经济模型，分析低碳技术创新、产业结构优化以及能源结构调整等关键因素，构建碳排放权交易市场供给侧结构性改革对碳排放效率影响的企业微观模型。

假定实施碳排放权交易市场供给侧结构性改革限定的碳排放配额为 Q，

企业可用于交易的碳排放配额为 c，当 $c \leq 0$ 时，企业的碳排放量超过了限定配额，该企业需要在市场购买碳排放配额，可得出企业实际碳排放量为 $Q-c$。然后，构建碳排放权价格与剩余碳排放配额数量相关联的函数模型：$p=b-ac$，参数 a 与 b 均大于 0，b 代表起始的碳排放权价格，a 表示每单位碳排放配额的边际成本。假设企业在碳排放权交易市场中每排放 1 单位碳的收益为 m，为激励企业参与碳排放权交易市场的构建和发展，设定企业的每单位碳排放收益应高于碳排放权交易市场初始的碳排放权价格，即认为 $m > b$。由此，可以得到企业的收益函数为

$$R_t = m(Q - c_t) + pc_t \qquad (4-1)$$

如果考虑低碳技术效应，需要在式（4-1）中加入相关的参数。将利润的一部分 z_1 作为低碳技术创新所需的成本，设定低碳技术创新成果可应用的概率为 θ_1，在低碳技术成功应用于企业时，企业的碳排放配额消耗量降低为原来的 λ_1 倍，此时企业将因使用低碳技术节省的碳排放配额 μ_1 用于碳排放权交易市场交易，$1-\mu_1$ 部分用于企业的生产，$z_1, \theta_1, \lambda_1, \mu_1 \in (0,1)$。依据构建的模型，当考虑时间因素时，企业所消耗的碳排放配额应是 $(1-\theta_1\lambda_1)(Q-c_t)$，低碳技术创新所节约的碳排放配额为 $\theta_1\lambda_1(Q-c_t)$，企业可交易的碳排放配额数量为 $c_{t+1}=c_t+\theta_1\lambda_1\mu_1(Q-c_t)$，此时，企业的利润函数设定为

$$R_{t+1} = (1 - \theta)\left[m(Q - c_{t+1}) + pc_{t+1}\right] \qquad (4-2)$$

如果考虑产业结构调整的影响，需在式（4-1）的基础上添加参数。企业在进行产业结构调整时，可以将部分利润 z_2 视作调整过程所需的成本，当企业产业结构优化后，企业的碳排放配额消耗量降低为原来的 λ_2 倍。同低碳技术创新一样，可以假设节约的碳排放配额中 μ_2 部分用作交易，$1-\mu_2$ 部分用于企业生产，同样，这 3 个假设量需要在 $(0,1)$ 的范围内。在碳排放权交易市场下，企业经过产业升级后的碳排放配额消耗量为 $(1-\lambda_2)(Q-c_2)$，产业结构升级所节约的额度为 $\lambda_2(Q-c_t)$，可交易的碳排放配额为 $c_{t+2}=c_t+\lambda_2\mu_2(Q-c_t)$，此时企业利润函数为

$$R_{t+2} = (1 - z_2)\left[m(Q - c_{t+2}) + pc_{t+2}\right] \qquad (4-3)$$

如果考虑能源结构的影响，需在式（4-1）的基础上添加参数。企业将

部分利润 z_3 用于调整能源结构的成本。当企业提高煤和石油等化石燃料的使用量时，企业的碳排放将增加 λ_3 倍，并要求 z_3、λ_3 大于 0。随着化石燃料在能源结构中比重的上升，真正消耗的碳排放配额为 $(1+\lambda_3)(Q-c_t)$，相应的碳排放配额增量为 $\lambda_3(Q-c_t)$，企业可交易的碳排放配额数量为 $c_{t+3}=c_t-\lambda_3(Q-c_3)$。企业的利润函数可以重新定义如下：

$$R_{t+3} = (1 - z_3)[m(Q - c_{t+3}) + pc_{t+3}] \qquad (4-4)$$

在企业追求利润最大化的条件下，对式（4-1）~式（4-4）求最大值可得

$$\begin{cases} c_t = \dfrac{b-m}{2a} \\[3mm] c_{t+1} = \dfrac{b-m}{2a + \theta_1\lambda_1\mu_1 \dfrac{Q-(b-m)}{2a}} \\[3mm] c_{t+2} = \dfrac{b-m}{2a + \lambda_2\mu_2 \dfrac{Q-(b-m)}{2a}} \\[3mm] c_{t+3} = \dfrac{b-m}{2a - \lambda_3 \dfrac{Q-(b-m)}{2a}} \end{cases} \qquad (4-5)$$

通过对比可知，要求 $c_t<0$，此时企业需要在碳排放权交易市场购买需要的碳排放配额以维持生产。当

$$Q \leqslant \frac{(b-m)(\theta_1\lambda_1\mu_1 - 1)}{2a\theta_1\lambda_1\mu_1} \qquad (4-6)$$

此时 $c_{t+1}\leqslant 0$，分配给企业的碳排放配额不足，需要在碳排放权交易市场购买需要的碳排放配额以维持生产。当

$$Q > \frac{(b-m)(\theta_1\lambda_1\mu_1 - 1)}{2a\theta_1\lambda_1\mu_1} \qquad (4-7)$$

此时 $c_{t+1}>0$，企业拥有的碳排放配额足够维持生产，可以在碳排放权交易市场出售节约出的碳排放配额以获取收益。但不论设置的碳排放配额 Q 是多少，$c_{t+1}>c_t$ 恒成立，这说明低碳技术创新效应可以有效提升碳排放效率，节约企业的碳排放配额。当

$$Q \leqslant \frac{(b-m)(\lambda_2 \mu_2 - 1)}{2a\lambda_2 \mu_2} \qquad (4-8)$$

此时，$c_{t+2} \leqslant 0$，这说明企业拥有的碳排放配额不能维持其生产，需要在碳排放权交易市场中购买需要的碳排放配额。当

$$Q > \frac{(b-m)(\lambda_2 \mu_2 - 1)}{2a\lambda_2 \mu_2} \qquad (4-9)$$

此时，$c_{t+2} > 0$，这说明企业拥有足够的碳排放配额，并可以将节约的碳排放配额在碳排放权交易市场出售。此时，不论碳排放配额 Q 是多少，$c_{t+2} > c_{t+1}$恒成立，这说明产业结构调整可以提升碳排放效率，提升的幅度大于低碳创新效应的减排幅度。当

$$Q > \frac{(b-m)(\lambda_3 + 1)}{2a\lambda_3} \qquad (4-10)$$

此时，$c_{t+3} < 0$，这说明企业无需通过参与碳排放权交易市场额外获取碳排放配额。当

$$Q \leqslant \frac{(b-m)(\lambda_3 + 1)}{2a\lambda_3} \qquad (4-11)$$

此时，$c_{t+3} \geqslant 0$，这说明企业拥有充足的碳排放配额，可以在碳排放权交易市场买卖节约的碳排放配额。

在柯布道格拉斯函数基础上，可结合成本函数导出能源需求函数，建立碳排放效率模型。设定此函数具备 Hicks-neutral 特征，生产函数可用 $Y=Af(K,L,E)$ 表达，其中，Y 为产出，A 表示企业的生产技术，K、L、E 表示资本投入、劳动投入及能源投入。可以构建企业成本最小化函数：

$$c(P_K,P_L,P_E,Y) = A^{-1}P_K^{\alpha_K}P_L^{\alpha L}P_E^{\alpha E}Y \qquad (4-12)$$

其中，P 表示要素的价格，α_K、α_L、α_E 分别表示资本、劳动和能源要素的产出弹性，产出弹性之和为 1。假设所有投入要素具有一致的边际产出率，可推导出每种投入要素的需求量。针对能源价格的偏导数，进行了如下计算：

$$E = \frac{\alpha_E A^{-1}P_K^{\alpha_K}P_L^{\alpha_L}P_E^{\alpha_E}Y}{P_E} \qquad (4-13)$$

可以简化 $P=P_K^{\alpha_K}P_L^{\alpha_L}P_E^{\alpha_E}$，此时公式变为

$$E = \frac{\alpha_E A^{-1}PY}{P_E} \qquad (4-14)$$

生产函数体现了不同投入要素结合后的产出结果，该结果可被视为有效的产出。基于此，能源效率可通过产出总量与能源消耗量之间的比例来表示：

$$EE = \frac{Y}{E} = \frac{1}{\alpha_E} \frac{P_E}{P} A \qquad (4-15)$$

推动碳排放权交易市场供给侧结构性改革，企业必须根据碳排放配额在生产函数对其碳排放进行一定的约束，即

$$Y = A\varphi(Z)(Q-c)^n \qquad (4-16)$$

其中，Z 表示各投入要素之和，将式（4-15）代入式（4-16），可得

$$EE = \frac{P_E \phi(Y,Z)}{\alpha_E P(Q-c)} \qquad (4-17)$$

由此可知，能源效率 EE 与 $Q-c$ 呈反比，碳排放权交易市场供给侧结构性改革影响低碳技术创新、产业结构调整以及能源结构优化，增加企业的碳排放配额，能源效率 EE 提升，碳排放效率随着能源效率的提升而提升。

综上所述，实施碳排放权交易市场供给侧结构性改革会引起创新补偿、资源配置优化、产业结构改善和产业转型升级，产生低碳技术创新效应与产业结构调整效应，影响企业的碳排放，提升企业的碳排放效率。加强碳排放权交易市场供给侧结构性改革应依靠命令型环境规制和市场型环境规制，使低碳技术创新与产业结构调整发挥重要调节作用，促进特有的市场机制与环境规制相互配合。

4.2　模型构建与变量选取

4.2.1　基于渐进双重差分的模型构建

本小节构建渐进双重差分模型，评估碳排放权交易市场供给侧结构性改革的政策效果，采用反事实条件框架衡量碳排放权交易市场供给侧结构性改革实施与不实施情境下政策效果的变化情况。在碳排放权交易市场供

给侧结构性改革的政策评估中，研究对象被分为受到政策影响的实验组和未受该政策影响的对照组两个群体。在政策执行之前，实验组和对照组在政策效果上并无显著差异。可以假设对照组在政策实施前后在政策效果上的变化，这反映了实验组在缺乏政策影响的情况下可能经历的变化，刻画了反事实情景。分析实验组在政策效果上的变化与对照组的变化之间的差异，可以估算政策变化所产生的实际影响。为此，建立模型：

$$y_{it} = \alpha + \gamma D_t + \beta x_{it} + u_i + \varepsilon_{it} \tag{4-18}$$

其中，D_t 为实验期虚拟变量（实验前假设 $D_t=0$，实验后假设 $D_t=1$），u_i 表示不可观测的个体性特征，政策性虚拟变量为

$$x_{it} = \begin{cases} 1 & \text{若 } i \in \text{实验组且 } t = 2 \\ 0 & \text{其他} \end{cases} \tag{4-19}$$

当 $t=1$ 时（此时为第一期），实验组与控制组并没有区别，x_{it} 都为 0；当 $t=2$ 时（此时为第二期），实验组 $x_{it}=1$，控制组 x_{it} 仍为 0。如果实验无法实现完全随机化，x_{it} 可能会受到遗漏个体特征 u_i 的影响，使得最小二乘法估计出现偏差。由于实验使用的是面板数据，可以对式（4-18）进行一阶差分，达到消除 u_i 的目的。

$$\Delta y_i = \gamma + \beta x_{i2} + \Delta \varepsilon_i \tag{4-20}$$

用最小二乘法估计式（4-20），可以得到一致的估计，沿用同样的推理可知：

$$\hat{\beta}_{DD} = \Delta \bar{y}_{\text{treat}} - \Delta \bar{y}_{\text{control}} = (\bar{y}_{\text{treat},2} - \bar{y}_{\text{treat},1}) - (\bar{y}_{\text{control},2} - \bar{y}_{\text{control},1})$$
$$\tag{4-21}$$

其中，$\hat{\beta}_{DD}$ 表示实验组平均变化与控制组的平均变化之差。由图 4-2 可知，双重差分估计量已经剔除了实验组与控制组实验差异的影响。

在双重差分估计量中，同样可以引入不同的解释变量 $\{z_{it}, \cdots, z_{ik}\}$：

$$\Delta y_i = \gamma + \beta x_{i2} + \delta_1 z_{i1} + \cdots + \delta_k z_{ik} + \Delta \varepsilon_i \tag{4-22}$$

再利用最小二乘法进行估计。但以 Δy_i 为解释变量不能应用于多期的数据，此种情况下需要将被解释变量转为 y_{it}，成为面板模型。暂时忽略其他进入的解释变量 $\{z_{i1}, \cdots, z_{ik}\}$，假设两期数据，构建面板模型：

$$y_{it} = \beta_0 + \beta_1 G_i \cdot D_t + \beta_2 G_i + \gamma D_t + \varepsilon_{it} \tag{4-23}$$

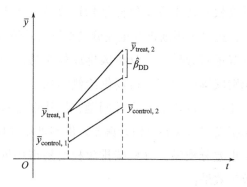

图4-2　双重差分估计量示意

其中，G_i 表示实验组的虚拟变量（如果个体属于实验组，其为1，如果个体属于控制组，其为0）；D_t 表示实验期虚拟变量（当$t=2$时，$D_t=1$，当$t=1$时，$D_t=0$），交互项 $G_i \cdot D_t = x_{it}$ 表示实验组的政策影响（当个体属于实验组且时期为政策实行后，其取值为1，反之取值为0），交互项度量真正的实验组政策效应。如果有其他解释变量，可以直接代入式（4-23）。

当未实施政策时即 $t=1$ 时，式（4-23）可以表示为

$$y_{it} = \beta_0 + \beta_2 G_i + \varepsilon_{i1} \qquad (4-24)$$

当政策实施后即 $t=2$ 时，式（4-23）可表示为

$$y_{i2} = \beta_0 + \beta_1 G_i \cdot D_2 + \beta_2 G_i + \gamma + \varepsilon_{i2} \qquad (4-25)$$

将式（4-25）减去式（4-24）可得

$$\Delta y_i = \gamma + \beta_1 G_i \cdot D_2 + (\varepsilon_{i2} - \varepsilon_{i1}) = \gamma + \beta_1 x_{i2} + \Delta\varepsilon_i \qquad (4-26)$$

式（4-20）与式（4-26）完全相同，可以对式（4-26）进行最小二乘估计，得到的互动项系数即双重差分的估计量。使用面板形式的双重差分可以更好地推演多期数据的情形，假设有 t 期数据，则公式可表示为

$$y_{it} = \beta_0 + \beta_1 x_{it} + \beta_2 G_i + \gamma_1 D_{2t}, \cdots, + \gamma_T D_{Tt} + \varepsilon_{it} \qquad (4-27)$$

其中，$D_{2t}, \cdots, D_T$ 表示对应的第 $2T$ 期的时间虚拟变量，政策型虚拟变量的定义为

$$x_{it}\begin{cases} 1 & \text{若 } i \in \text{实验组且 } t \in \text{实验组} \\ 0 & \text{其他} \end{cases} \qquad (4-28)$$

根据双重差分模型的基本形式，双重差分模型假设政策均为同一年发

生的情况。而碳排放权交易市场供给侧结构性改革是逐步实行的，不符合标准双重差分模型，这里选用渐进双重差分模型进行政策评估。

下面构建渐进双重差分模型，分析碳排放权交易市场供给侧结构性改革的政策效果，识别碳排放权交易市场供给侧结构性改革对碳排放效率的政策效应。为了避免样本选择的内生性问题，构建渐进双重差分模型识别政策效果，避免模型设定错误导致估计偏差。借鉴贝克（Beck）（2010）的研究，构建渐进双重差分模型，分析碳排放权交易市场供给侧结构性改革对碳排放效率的政策效果：

$$TE_{i,t} = \beta_0 + \beta_1 DID_{i,t} + \beta_2 Z_{i,t} + \beta_3 X_{i,t} + u_i + \gamma_t + \varepsilon_{i,t} \qquad (4-29)$$

其中，下标 i 表示地区，t 表示时间。被解释变量 TE 为各省市的碳排放效率。在标准的双重差分法中，$DID_{i,t}$ 交乘项等价于 $treat_i \times post_t$，$DID_{i,t}$ 变量表示当该地实行碳排放权交易市场供给侧结构性改革的当年和以后的年份，$DID_{i,t}$ 取值为 1 或 0，$Z_{i,t}$ 表示碳排放效率的自变量，$X_{i,t}$ 表示碳排放效率的控制变量，u_i、γ_t 分别表示地区固定效应、时间固定效应，$\varepsilon_{i,t}$ 表示受随机扰动影响的随机误差项。

深化碳排放权交易市场供给侧结构性改革可影响市场化进程，提升碳排放效率。我国不同区域的市场化进程存在较为明显的地区差异，进而产生了思考：碳排放权交易市场供给侧结构性改革是否依托市场化水平的发展程度对碳排放效率起作用？这种作用强弱是否具有地区差异性？这些问题需要对其作用机制进行深入挖掘才能解答。为了验证该假说，使用要素市场发育程度指标衡量各地区的市场化水平，构建中介效应模型：

$$TE_{i,t} = \alpha_0 + \alpha_1 DID_{i,t} + \alpha_2 Z_{i,t} + \alpha_3 X_{i,t} + u_i + \gamma_t + \varepsilon_{i,t} \qquad (4-30)$$

$$\ln sch_{i,t} = \alpha_0 + \beta_1 DID_{i,t} + \beta_2 Z_{i,t} + \beta_3 X_{i,t} + u_i + \gamma_t + \varepsilon_{i,t} \qquad (4-31)$$

$$TE_{i,t} = \alpha_0 + \lambda_1 DID_{i,t} + \lambda_2 \ln sch_{i,t} + \lambda_3 Z_{i,t} + \lambda_4 X_{i,t} + u_i + \gamma_t + \varepsilon_{i,t}$$

$$(4-32)$$

其中，式（4-30）为基准渐进双重差分模型，式（4-31）更换因变量为作用机制变量 $sch_{i,t}$，式（4-32）在式（4-30）的基础上加入作用机制变量 $sch_{i,t}$。按照如下步骤判别是否存在作用机制：若式（4-30）中 α_1 不显著，说明市场型环境规制对碳排放效率因果效应较弱，停止作用机制检验；若式（4-30）中 α_1 显著，则用式（4-31）、式（4-32）检验 β_1、λ_1、λ_2 是否显著。存在以下 3 种情况：①如果 β_1、λ_1、λ_2 均显著，表明碳排放权交易市场供给侧结构性改革提高碳排放效率的作用机制变量，存在部分的作用机制效应。②如果 λ_2、β_1 显著，但 λ_1 不显著，说明市场化水平具有完全的作用机制效应。③如果 β_1、λ_2 其中任意一个不显著，要通过 Sobel 检验决定是否存在中介效应。如果 Sobel 检验结果达到统计显著性水平，表明中介效应是显著的；如果 Sobel 检验结果未能通过显著性检验，表明中介效应不被认为是显著的。

为了进一步探究碳排放权交易市场供给侧结构性改革政策效果的调节效应，从人才要素驱动效应和技术要素驱动效应进行分析。建立调节效应模型：

$$\text{TE}_{i,t} = \beta_0 + \beta_1 \text{DID}_{i,t} + \beta_2 \text{DID}_{i,t} M_{i,t} + \beta_3 Z_{i,t} + \beta_4 X_{i,t} + u_i + \gamma_t + \varepsilon_{i,t}$$

$$(4-33)$$

其中，$M_{i,t}$ 为相应的调节效应变量，综合考虑市场型环境规制对碳排放效率的政策实施效果，实施针对性政策可以达到更好效果。基于式（4-33）将两个调节效应交互项代入模型，考察其对碳排放效率的影响。

4.2.2　变量选取

2013 年 6 月至 2014 年 6 月，北京、上海、天津等 7 个碳排放权交易市场试点建立并开始实质交易，碳排放权交易市场供给侧结构性改革开始试点实施。为了研究碳排放权交易市场供给侧结构性改革对碳排放效率的影响，以 2010—2019 年 30 个省份的面板数据（因数据可得性及统一性等原因剔除西藏和港澳台的样本）为研究样本。数据来源于《中国城市统计年鉴》。

选取碳排放效率作为被解释变量。这里建立随机前沿模型成本函数测算碳排放效率，全面考虑投入与产出的关系，使所有生产者实现最优生产效率。在给定的生产集 M 中，对总产出水平和生产要素投入组合，存在一个最低的二氧化碳排放水平，生产集 M 中所有元素对应的有效二氧化碳排放水平组成了二氧化碳的排放前沿曲线。假定地区 i 的生产函数为 $Y_{i,t} = f(X_{i,t})$，其中，Y 是 t 时期地区 i 的总产出，表示 t 时间包括能源在内的生产要素投入。根据利润最大化条件可知，能源要素的条件要素需求函数为 $E_{i,j,t} = g_j$

$(Y_{i,t}, p_{i,t})$，其中 $p_{i,t}$ 表示 t 时期投入要素价格，下标 j 表示第 j 种能源投入，$E_{i,j,t}$ 表示地区 i 第 j 种能源投入在 t 时期的需求量。利用能源投入需求测度最优条件下地区 i 在 t 时间的二氧化碳有效排放量，获得能源排放因子向量，得到地区实际碳排放水平。根据张（Zhang）（2016）的定义，碳排放效率（TE）表达式为

$$\mathrm{TE}_{i,t} = \frac{e_{i,t}^*}{e^r} \quad 0 \le \mathrm{TE} \le 1 \qquad (4-34)$$

根据随机前沿理论，碳排放效率定义为 $\mathrm{TE}_{i,t} = \exp(-u_{i,t})(u_{i,t} \ge 0)$，其中，$u_{i,t}$ 为衡量碳排放效率的无效率项。结合式（4-34），取对数后，按照一阶泰勒展开，可以建立如下面板随机前沿回归模型：

$$\ln e_{i,t}^r = \alpha_0 + \alpha_1 \ln Y_{i,t} + \sum_{j=1}^{m} \beta_j \ln p_{i,t} + u_{i,t} + \nu_{i,t} \qquad (4-35)$$

$$u_{i,t} = \omega_i + \omega_{i1} t + \omega_{i2} t^2 \qquad (4-36)$$

其中，t 表示时间变量，p 表示为 i 种投入要素价格指数，Y 为总产出，$u_{i,t}$ 为无效率项，$\nu_{i,t}$ 为随机干扰项。

模型选取表示碳排放权交易市场供给侧结构性改革实施与否的虚拟变量作为解释变量。该城市实施碳排放权交易市场供给侧结构性改革的当年以及以后的年份，DID_{it} 取值为 1，否则为 0。历时近 3 年时间，中国首批碳排放权交易市场试点 7 个省市全部启动试点。我国碳排放权交易市场试点省市及时间见表 4-1。

表 4-1　中国碳排放权交易市场试点省市及时间

地点	时间
深圳碳排放权交易市场	2013 年 6 月 18 日
上海碳排放权交易市场	2013 年 11 月 26 日
广州碳排放权交易市场	2013 年 12 月 19 日
天津碳排放权交易市场	2013 年 12 月 26 日
北京碳排放权交易市场	2013 年 12 月 28 日
湖北碳排放权交易市场	2014 年 4 月 2 日
重庆碳排放权交易市场	2014 年 6 月 19 日

命令型环境规制制定和命令型环境规制实施共同组成命令型环境规制。下面研究使用命令型环境规制制定和命令型环境规制实施工作代理命令型环境规制（李胜兰，2014）。其中，命令型环境规制制定变量采用 2010—2019年我国各地区设立的地方环保法规数据表示。从法律层面考察命令型环境规制规范化情况，法规数量越大说明地方越重视命令型环境规制实施情况，数据来源于汇法网和法律法规数据库。命令型环境规制实施变量利用污染治理完成额与工业增加值之比进行表示，反映地区环境规制治理效果，比值越大，在一定工业水平下，命令型环境规制强度越大，越有利于碳排放效率提升。数据分别来源于《中国环境统计年鉴》和《中国统计年鉴》。

　　控制变量主要考虑经济发展水平变量、工业发展程度变量和科技研发支持变量。其中，经济发展水平采用人均 GDP 来衡量，进行对数处理。人均 GDP 水平对二氧化碳排放量产生影响，所以将人均 GDP 纳入控制变量。工业发展程度采用工业增加值和 GDP 之比，进行对数处理，比值越大，说明工业发展程度越高，对碳排放效率提升越有利，反之越不利。科技研发支持变量使用规模以上工业企业 R&D 经费内部支出中的政府资金比重来表示，进行对数处理，研发经费可以提升创新研发，有效提高碳排放效率。

　　变量的描述性统计结果见表 4-2。从表中可以发现碳排放效率均值为0.17，最大值为 1，最小值为 0.026 5，取值范围为 0~1，DID 变量均值为0.1。这说明在总体样本中，处于处理组政策期样本占比为 10%。其他控制变量均存在较大差异，基本服从正态分布。

表 4-2　渐进双重差分模型变量描述性统计

变量	观察数	均值	标准差	最小值	最大值
DID	290	0.124	0.330 0	0	1
碳排放效率	290	0.915	0.077 6	0.541	0.987
规制实施	290	31.900	30.800 0	1.723	280.400
规制制定	290	20.930	15.830 0	0	100.000
人均 GDP（对数）	290	10.760	0.465 0	9.482	12.010
工业产业增加值占比	290	5.342	3.773 0	1.102	24.560
企业 R&D 占比	290	0.377	0.084 9	0.111	0.584

4.3 政策效果识别与稳健性检验

本节构建渐进双重差分模型，评估碳排放权交易市场供给侧结构性改革的政策效果，分析实证结果，并进行结果的稳健性检验。

4.3.1 模型结果

表4-3中所有回归模型均已控制地区固定效应和时间固定效应。模型（1）为仅加入DID变量以及控制变量的基准模型，由表4-3模型（1）可知，双重差分估计量显著为正，这表明碳排放权交易市场供给侧结构性改革能够有效提高碳排放效率，具体地说，在其他条件不变的情况下，碳排放权交易市场供给侧结构性改革平均可以提高碳排放效率9.2个百分点。对于控制变量而言，企业R&D占比、人均GDP能够对碳排放效率产生正向影响，工业增加值占比对碳排放效率产生显著负面影响，这说明依赖指导企业低碳技术创新，推动经济发展能力提升，可以有效提升碳排放效率，但是如果过度依赖工业能力会降低碳排放效率。

模型（2）和模型（3）为增加命令型环境规制变量后的模型，模型（2）增加规制制定变量，模型（3）增加了规制实施变量。由表4-3模型（2）可知，从规制制定变量来看，其回归系数在1%的显著性水平上显著为正，这表明命令型规制制定显著提升了碳排放效率。由表4-3模型（3）可知，从命令型规制实施变量来看，回归系数并不显著，这表明命令型规制实施当期对碳排放效率影响并不显著。可能的原因在于，命令型环境规制制定可以提供正向政策期望，有效约束企业进行技术投资，从而提升碳排放效率，然而政策在正式实施时，由于预期已经落地，企业放弃了后续的技术投资，提升碳排放效率的效应并不显著。

表4-3　渐进双重差分回归结果

变量	模型（1）	模型（2）	模型（3）	模型（4）
DID	0.092***	0.075***	0.092***	0.075***
	(4.853)	(3.841)	(4.843)	(3.830)
规制实施	—	0.002***	—	0.002***
		(2.836)		(2.831)
规制制定	—	—	0.000	−0.000
			(0.042)	(−0.055)
工业增加值占比	−0.234*	−0.308**	−0.233*	−0.309**
	(−1.912)	(−2.496)	(−1.892)	(−2.481)
企业 R&D 占比	0.005**	0.005*	0.005**	0.005*
	(1.999)	(1.869)	(1.995)	(1.860)
人均 GDP（对数）	0.149***	0.155***	0.149***	0.155***
	(3.193)	(3.372)	(3.179)	(3.350)
常数项	−0.565	−0.606	−0.567	−0.603
	(−1.207)	(−1.311)	(−1.202)	(−1.295)
N	290	290	290	290
R^2	0.194	0.220	0.194	0.220
地区固定效应	已控制	已控制	已控制	已控制
时间固定效应	已控制	已控制	已控制	已控制

　　模型（4）同时加入命令型环境规制变量。由表4-3模型（4）可知，DID 变量仍稳定在 0.07 左右，这说明加入命令型环境规制后结论仍是稳健的。同时，命令型环境规制变量均为显著，规制制定系数和显著性稳定，而规制实施系数较小，经济学意义较弱且不显著，这说明命令型环境规制和市场型环境规制并不冲突，可以协调有效提高碳排放效率。在模型（2）~模型（4）中，其他控制变量系数及显著性均表现出稳定性，没有产生较大变化，这说明所建立的模型稳定。

　　综上所述，在各种情况下，模型中的 DID 变量均表现出较强显著性，这说明了该统计量的稳定性。2014 年前后进行的碳排放权交易市场供给侧结构性改革在各种检验下均对碳排放效率产生了显著影响，并且稳定在 7%~9%，这表明碳排放权交易市场供给侧结构性改革可以显著提高地区碳排放效率。具体来说，在维持其他变量取值不变时，实行碳排放权交易市场供给侧结构性改革的城市，其碳排放效率将会比没有实行的城市高7%~9%。实施碳排放权交易市场供给侧结构性改革能够引导企业重视碳排放问题，使企业通过技术引进和人才引进等方法有效降低碳排放效率。同时，政府通过命令型环境规制灵活调整政策，也能最大程度上发挥政策降低碳排放效率的效应。

因此，假设1成立。

4.3.2 稳健性检验

为保证研究结论的可靠性，可采取一系列稳健性检验方法。参考蒋和胜和孙明茜（2021）的方法进行的平行趋势检验可确保实验组和控制组在实行市场型环境规制前具有一致趋势。参考周茂的方法进行的安慰剂检验引入反事实框架，排除有时变的影响因素对碳排放效率产生影响的情况，反映虚构政策的影响，如果不存在政策效应，则反向证实真实的碳排放权交易市场供给侧结构性改革实施具有良好的政策效果。

本小节给数据交易平台之前年份的每一年设置一个虚拟变量，并将其与实验组虚拟变量相乘，然后将其和DID核心解释变量一起对产业数字化发展水平进行回归，结果如图4-3所示。

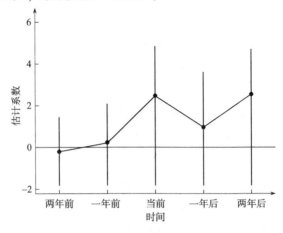

图4-3　平行趋势检验

从图 4-3 中可以看出，在实行碳排放权交易市场供给侧结构性改革之前，双重交互项的估计系数基本在 0 值附近上下波动，且不显著，而在实行碳排放权交易市场供给侧结构性改革之后，系数值有增大趋势，即影响效应呈增加趋势。这表明碳排放权交易市场供给侧结构性改革对碳排放效率有着持续正向的减排效益。

渐进双重差分法引入对照组、控制地区特征，并考虑双向固定效应，可在很大程度上减少遗漏变量问题，但企业对碳排放政策的适应性调整等随时间和地点变化的特定因素仍可能对估计结果造成偏差，因此，这里构建模拟政策冲击的框架，评估未观测因素对回归分析的影响。

通过 500 次 boost-trap 抽样，开展安慰剂检验，如图 4-4 所示。可以看到，虚拟政策冲击的回归系数基本上分布在以 0 为中心的两侧，而且估计系数非常不显著，这说明即使存在不可观测因素，碳排放权交易市场供给侧结构性改革的回归结果稳健。而得到系数 0.07 在自助抽样分布中位于非常靠右的位置说明基准回归得到系数是非偶然事件，碳排放权交易市场供给侧结构性改革的实施显著提高了该地区碳排放效率。

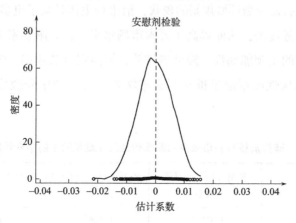

图 4-4　安慰剂检验

4.4　中介效应分析和调节效应分析

下面根据碳排放权交易市场供给侧结构性改革政策效果的作用机制分

析和研究假设进行中介效应分析和调节效应分析。

4.4.1　中介效应分析

　　基准结果表明，碳排放权交易市场供给侧结构性改革提高了碳排放效率，进一步引发如下思考：碳排放权交易市场供给侧结构性改革通过哪些途径提高了碳排放效率？产生影响的中介作用机制是什么？对此，使用分组回归的方式加以验证，基于式（4-38）~式（4-40），从全国层面和区域层面对其中介机制进行探讨。

　　从表4-4模型（1）和模型（2）的结果来看，碳排放权交易市场供给侧结构性改革的实施促进了我国各地区碳排放效率水平与要素市场发育程度提升。虽然模型（3）中核心变量显著为正，但要素市场发育程度指数系数不显著，需要进一步做Sobel检验。Sobel检验的结果为显著，则存在中介效应。实施碳排放权交易市场供给侧结构性改革，提高该地区的要素市场化水平，改变了只能执行命令型环境规制的现状，给市场主体带来了更多的市场选择，推动了市场服务转型，从而提高了要素市场水平，在有限要素下，有利于充分发挥企业家的主观能动性，降低碳排放，提高碳排放效率。碳排放权交易市场供给侧结构性改革通过推动要素市场发育程度的中介效应影响碳排放效率。

表4-4　碳排放权交易市场供给侧结构性改革政策效果的中介效应检验

变量	模型（1）：碳排放效率	模型（2）：要素市场发育程度	模型（3）：碳排放效率
DID	0.075^{***}	1.606^{***}	0.076^{***}
	(3.830)	(5.126)	(3.692)
要素市场发育程度	—	—	−0.001
	—	—	(−0.190)
N	290	290	290
R^2	0.220	0.703	0.220
控制变量	已控制	已控制	已控制

变量	模型（1）：碳排放效率	模型（2）：要素市场发育程度	模型（3）：碳排放效率
地区固定效应	已控制	已控制	已控制
时间固定效应	已控制	已控制	已控制

因此，假设 5 成立。

碳排放权交易市场供给侧结构性改革对碳排放效率提升的影响呈现出明显区域差异，这就引发了以下思考：在不同区域上，市场型环境规制是否通过提高要素市场发育程度而提升各地区碳排放效率？本书对此进行分类考察。

由表 4-5 第（1）～（3）列可知，需要进一步做 Sobel 检验。Sobel 检验结果并不显著，这表明对东部地区而言，碳排放权交易市场供给侧结构性改革对碳排放效率产生显著影响，但是碳排放权交易市场供给侧结构性改革对要素市场发育程度没有显著影响。这可能是因为东部地区本身要素市场的发育程度较高，碳排放权交易市场供给侧结构性改革对市场化程度的提高存在边际递减，其效应会大打折扣，使得要素市场的发育无法起到引导作用。

由表 4-5 第（4）和第（5）列可知，双重交互项系数均显著，这说明碳排放权交易市场供给侧结构性改革对中部地区碳排放效率和要素市场发育存在显著正向影响。从表 4-5 第（6）列可发现，要素市场发育程度显著的同时 DID 变量也显著，这说明中部地区碳排放权交易市场供给侧结构性改革促进碳排放效率的效应会受到要素市场发育影响。

由表 4-5 第（7）～（9）列可知，西部区域 DID 系数并不显著，这说明碳排放权交易市场供给侧结构性改革在西部地区并没有扮演重要的角色。碳排放权交易市场供给侧结构性改革提高了西部地区的要素市场发育程度，但可能因为西部地区要素市场发育程度不高，碳排放权交易市场供给侧结构性改革不能有效加快当地市场化进程。

因此，假设 2 成立。

表4-5 分组回归的碳排放权交易市场供给侧结构性改革对碳排放效率的中介效应

变量	东部			中部			西部		
	TE	SCH	TE	TE	SCH	TE	TE	SCH	TE
	(1)	(2)	(3)	(4)	(5)	(6)	(7)	(8)	(9)
DID	0.031*	0.172	0.028*	0.171***	4.311***	0.339***	0.049	2.890***	0.113**
	(1.748)	(0.343)	(1.739)	(3.810)	(7.407)	(5.564)	(1.024)	(5.291)	(2.099)
SCH	—	—	0.010***	—	—	0.039***	—	—	0.022**
	—	—	(3.632)	—	—	(3.604)	—	—	(2.303)
N	100	100	100	90	90	90	100	100	100
R^2	0.301	0.774	0.407	0.608	0.870	0.708	0.463	0.783	0.499
控制变量	已控制	已控制	已控制	已控制	已控制	已控制	已控制	已控制	已控制
地区固定	已控制	已控制	已控制	已控制	已控制	已控制	已控制	已控制	已控制
时间固定	已控制	已控制	已控制	已控制	已控制	已控制	已控制	已控制	已控制

注：TE 表示碳排放效率，SCH 表示要素市场发育程度

4.4.2　调节效应分析

碳排放权交易市场供给侧结构性改革对碳排放效率的影响可能会因市场要素不同而存在不同的驱动效应。根据上述假设，本小节使用特定变量代理上述因素，进一步使用与 DID 变量的交互项作为核心解释变量。模型（1）是加入技术要素与 DID 变量交互项的模型。模型（2）是加入人才要素与 DID 变量交互项的模型。模型均控制地区固定效应和时间固定效应，具体结果见表 4-6。

表 4-6　调节效应检验

变量	模型（1）	模型（2）
人才要素	0.104***	—
	(3.321)	—
技术要素	—	0.084***
	—	(3.387)
N	290	290
R^2	0.209	0.210
控制变量	已控制	已控制
地区固定效应	已控制	已控制
时间固定效应	已控制	已控制

由表 4-6 模型（1）可知，在 1% 的显著性水平上，人才要素与 DID 变量交互项回归系数显著为正，这表明人才要素越充裕的地区，越能发挥碳排放权交易市场供给侧结构性改革对碳排放效率的促进效应。其原因可能在于碳排放权交易市场供给侧结构性改革可以使碳交易创新型人才充分解读并利用市场型环境规制下中央和地方政府颁布的一系列政策，在共用基础设施、共通信息、共担成本和风险的基础上，加快碳排放绿色技术推广速度及资源整合度，不断购进或出售碳排放配额，进而推动区域内碳排放效率的提升。由表 4-6 模型（2）可知，在 1% 的显著性水平上，技术要素与 DID 变量交互项回归系数显著为正，这表明地区越重视知识产权及技术

创新，该地区碳排放权交易市场供给侧结构性改革对碳排放效率的促进效应越强。碳排放权交易市场供给侧结构性改革改善了城市碳排放权无法交换的环境，有利于各创新主体在市场内实现与规划二氧化碳的排放，加快关于碳排放效率的技术要素流动与融合，产生协同效应，推动地区碳排放效率的提升，健全绿色低碳发展机制，实现绿色低碳发展。

因此，假设 3 和假设 4 成立。

4.5 研究结论与对策建议

本章分析了碳排放权交易市场供给侧结构性改革的作用机制，建立了企业碳排放决策的理论模型，构建了渐进双重差分模型，评估了碳排放权交易市场供给侧结构性改革的政策效果，并根据研究结论，提出了针对性建议。

4.5.1 研究结论

本章评估碳排放权交易市场供给侧结构性改革的政策效果，探讨碳排放权交易市场供给侧结构性改革对碳排放效率的影响，从理论分析到实证检验，解析碳排放权交易市场影响碳排放效率的内在机制，分析低碳技术创新和产业结构调整的调节效应，并构建渐进双重差分模型，实证研究碳排放权交易市场供给侧结构性改革对碳排放效率的影响，进行稳健性检验保证结果的可靠性。本章研究结论如下。

第一，碳排放权交易市场供给侧结构性改革显著提升碳排放效率，与命令型环境规制形成协同效应。实施碳排放权交易市场供给侧结构性改革显著提高了 7%~9% 的碳排放效率，经过平行趋势检验、安慰剂检验和固定效应控制等一系列稳健性检验后，结论仍然成立。

第二，碳排放权交易市场供给侧结构性改革存在要素市场的中介机制。实施碳排放权交易市场供给侧结构性改革可推动要素市场发育，影响碳排放效率。不同区域通过发展市场要素进而提高地区碳排放效率的中介效应程度不同。在中部地区，碳排放权交易市场供给侧结构性改革提高了要素市场发育程度，提高了碳排放效率。在东部地区，碳排放权交易市场供给侧结构性改革提高了地区碳排放效率，无法通过要素市场提高碳排放效率。

第三，碳排放权交易市场供给侧结构性改革政策效果存在调节效应。通过调节机制检验发现，碳排放权交易市场供给侧结构性改革的人才要素驱动效应和技术要素驱动效应较为突出，可以显著提升碳排放效率。

4.5.2　对策建议

本书提出的对策建议如下。

第一，推动碳排放权交易市场供给侧结构性改革，提供良好的碳市场交易平台、中介组织和法律支持。全国碳排放权交易市场已经启动，但只局限于少数行业和少数品种。应完善碳排放权交易市场运行机制，并将其推广到更多行业、企业和品种，并构建碳排放权交易市场的底层设施，降低碳排放权交易市场交易成本，提供必要的中介组织。应注重强化参与企业的市场主体地位，提供必要的市场监管，特别是注重跨区域制度设计，及时规制非法排碳行为，鼓励社会资本参与碳排放权交易市场。命令型环境规制与市场型环境规制并不是相互冲突、相互排斥的，应建立清单制度，明确命令型环境规制边界，共同提高碳排放权交易市场参与度，构成良性互动，健全绿色低碳发展机制，实现绿色低碳发展。

第二，建立促进要素自由充分流通的规章制度，坚持以市场为重心建设碳排放权交易市场。应着力建设和完善要素市场，提供法律法规保障保证市场化正常运行。应降低碳交易成本，释放要素市场活力，培育良好的碳排放权交易市场环境，强化引导作用，提升碳排放效率。应重点扶持要素市场，促进要素市场的良好发育，发挥市场机制作用，利用要素市场的引导作用提高碳排放效率，促进绿色低碳循环发展。

第三，将绿色技术的人才引进和培养作为核心出发点，构建以企业为核心的研发创新体系。在人才要素方面，要留住人才，培养人才，制定人才激励政策，强化人才培养机制，发挥人力资本与创新效应的协同作用，促进人才集聚和技术创新效应的正向循环，并探索人才与创新的配套政策，吸引人才要素和技术要素流入，激发内生动力和创新活力，促进绿色低碳发展。

第 5 章

我国碳排放权交易市场供给侧结构性改革的科技人才驱动

　　我国依靠传统要素驱动发展模式实现了经济快速增长，但产生了较高的碳排放和严重的环境污染。我国碳排放量已经超过了欧盟和美国，成为世界上最大的能源消费和碳排放国家。国际社会持续关注气候变化，我国面临着较大的碳减排压力。我国积极应对气候变化，提出 2030 年前实现碳达峰和 2060 年前实现碳中和，有效提高碳排放效率。我国加快完善落实"绿水青山就是金山银山"理念的体制机制，实施了一系列环境调控政策，发展低碳试点，增加森林碳汇，有效控制碳排放。在深化碳排放权交易市场供给侧结构性改革过程中，绿色低碳发展机制依托碳排放权交易市场发挥重要作用，所以，要发挥市场机制作用，开展碳排放权交易试点工作，启动碳排放权网上交易。加强碳排放权交易市场供给侧结构性改革，应实施以市场为导向的环境政策，发挥市场机制作用，有效提高碳排放效率，实现绿色低碳发展。

　　在碳排放权交易市场中，科技人才推动科技创新，驱动社会绿色低碳发展，有效提升碳排放效率，巩固碳排放权交易市场供给侧结构性改革成果，构成碳排放权交易市场的关键要素。但是，我国科技人才积累不充分，多呈"单兵作战"态势，尚未形成对碳排放治理的跨区域联动，难以发挥

"规模效应"。因此，剖析科技人才对碳排放权交易市场供给侧结构性改革成果的影响及作用机制具有重要意义。

在深化碳排放权交易市场供给侧结构性改革过程中，碳排放效率体现碳排放导致的生产效率损失，衔接着碳排放和经济发展。体现碳排放导致的生产效率损失，具有经济发展与环境质量的双重特性，可有效反映地区的碳减排潜力（钱浩祺等，2019）。碳排放效率的提升离不开科技人才，而科技人才是提升碳排放效率的关键因素。知识生产具有规模效应。科技人才达到一定规模，形成科技人才高地，将充分发挥集聚效应与知识溢出效应，可推动地区的技术进步，提升碳排放效率。我国各地资源禀赋和经济发展不平衡，碳排放效率与科技人才存在省际差异，而碳排放效率并不只是局域情况。本章分析我国科技人才能否影响碳排放效率，是否具有区域带动作用，以及科技人才影响碳排放效率的内在作用机制如何，并进一步分析科技人才对碳排放效率的影响效应是否会随着集聚程度增强而呈现非线性特征。厘清上述问题可为碳排放效率的提升提供新的思路，也是碳排放权交易市场供给侧结构性改革的重要研究内容。

5.1　理论分析与研究假设

科技人才已成为社会进步和经济发展的关键因素，在绿色低碳发展方面扮演重要角色。本节从理论层面出发，深入探讨科技人才对碳排放效率的影响机制。本节首先系统分析科技人才如何通过不同的机制和途径影响碳排放效率，再根据外部性理论、波特竞争优势理论和人力资本理论，探讨科技人才如何影响地区的碳排放效率，并分析科技人才对碳排放效率影响的传导机理，探讨科技人才通过绿色技术创新、高技术产业集聚和城镇化促进碳排放效率的中介效应，最后讨论科技人才对碳排放效率的非线性效应和空间溢出效应的作用机理。

5.1.1 科技人才对碳排放效率影响的理论分析

根据波特竞争优势理论，相较以自然资源为核心的要素，以人才为核心的高级要素更有利于地区经济发展。按照人力资本理论，科技人才从事研发活动，转化为人力资本，提高碳排放效率，促进区域的绿色低碳发展（马茹等，2019）。科技人才建设持续推动技术革新，助推企业内部技术积累，促进企业高效生产，提升地区碳排放效率。科技人才是重要内部要素，并可以起到示范作用，有利于传播低碳环保理念、绿色低碳生活方式，促进绿色 GDP 增长，提升碳排放效率。科技人才推动区域内部的知识和新技术共享与传播，促进企业生产的专业化分工，提升资源配置效率。科技人才分工与协作可提高工作效率，形成规模效益，提升区域技术创新能力，激发内生动力和创新活力，推动绿色低碳发展（Zhou Y，2018）。

5.1.2 科技人才对碳排放效率影响的传导机理

1. 绿色技术创新的中介效应

根据"波特假说"，科技人才建设可推动绿色技术创新，激发企业的"创新补偿"效应，有效促进企业节能减排，实现绿色低碳发展。按照创新驱动理论，科技人才利用绿色技术创新驱动绿色化生产，实现新工艺的转化，提升碳排放效率，推动绿色低碳发展。根据新古典增长模型与内生增长理论，科技人才是关键的内部要素。加强科技人才建设可实现创新效应和知识技术外溢效应，促进经济增长。科技人才建设可促进知识、技术、资本等创新资源集聚，产生创新效应，有效推动地区的绿色技术进步，提升碳排放效率（Männasoo Kadri，2018）。科技人才建设可加速新技术的研发，有效提高区域资源利用效率，实现地区绿色低碳发展。根据波特的外部性理论，科技人才可推动绿色技术创新，有助于企业生产效率提升，同时对相关企业产生技术外溢，提升碳排放效率，实现绿色低碳发展（邵帅等，2022）。

2. 高技术产业集聚的中介效应

科技人才可推动高技术产业发展，促进资源节约、环境友好的绿色产业发展，形成主要产业依托，实现绿色低碳发展。科技人才可加速内部要素积累，推动高技术产业发展。根据卢卡斯人力资本的"内在效应"与"外在效应"理论，科技人才资本"内在效应"驱动促使科技人才集聚，放大了科技人才资本的"外在效应"，引起技术进步，提高生产率，推动高技术产业的集聚与发展。科技人才构建高技术知识体系，促进企业开发新技术，提升组织绩效，助推高技术产业的集聚（崔春山，郑海燕，2022）。

科技人才促进高技术产业集聚，推动地区的绿色低碳发展。原因如下：第一，科技人才优化分工，促进高技术产业集聚，提升碳排放效率。科技人才专业分工，产生高技术产业的"相同产业"外部性，促进同行业流动，降低科技人才的培训成本，催生专业化分工，提高企业生产效率。第二，科技人才发挥规模经济效应，促进高技术产业集聚，提升碳排放效率。科技人才推动产业规模扩张，提升生产和技术效率，助推新兴产业诞生，淘汰以牺牲环境为代价的传统产业。第三，科技人才发挥竞争优势，促进高技术产业集聚，提升碳排放效率。科技人才带来有效竞争，促进高技术产业集聚，激发企业创新潜力，提高企业节能减排技术的创新效率（张明志，王新培，郇馥莹，2023）。

3. 城镇化水平的中介效应

劳动和资本等生产要素从传统部门向现代部门的转移产生集聚效应。科技人才推动城镇化进程，积极稳妥推进碳达峰碳中和。根据人才集聚的外部性特征，科技人才的集聚提高区域内部能力，增加产业链条附加价值。科技人才推动城镇化，提升产业组织效率，形成绿色低碳技术优势（易定红，陈翔，2020）。在竞争激烈的市场中，科技人才在城市中集聚，形成了高效产业组织的现实土壤，利用外部性，提高生产效率，同时带动区域经济发展。科技人才提升产业组织效率，而高效的产业组织效率吸引科技人才集聚。利用这种双向作用机制，科技人才促进城镇化水平提升，提高碳排放效率。原因如下：第一，科技人才提升城镇化水平，改变居民生活理念，调整传统能源消费结构，改善现有能耗模式，进而提高碳排放效率（秦耀辰等，2014）。第二，科技人才促进生产资源和劳动人口由低附加值产业转移到高附加值产业，加速城镇化进程，促进资源优化配置，带来集聚效应，有利于实现规模经济，提高碳排放效率，实现绿色低碳发展。

5.1.3 科技人才对碳排放效率非线性影响的作用机理

　　科技人才促进地区的技术进步，对碳排放效率具有非线性影响。只有当科技人才数量达到一定规模时，才能形成绿色技术创新人才团队，提高能源利用效率，带来地区经济效益。原因如下：第一，科技人才的信息共享效应具有非线性特征。科技人才促进知识的交流、扩散与分享，提高资源配置效率，影响范围有限，影响效率递减，具有非线性特征。第二，科技人才的知识溢出效应具有非线性特征。鉴于知识的无限性与流动性，科技人才的交流可实现知识的整合与重构，产生知识溢出效应，促进地区经济发展，呈现非线性特征。第三，科技人才的集体学习效应具有非线性特征。科技人才利用知识结构的互补性特征，促进共同学习和成长，提升学习和创新能力，实现一定范围的集体学习效应，表现出非线性特征。第四，科技人才的创新效应具有非线性特征。科技人才达到一定规模后，可实现交互式学习，形成完整创新链，优化创新路径，提高创新成功率，呈现非线性特征（裴玲玲，2018）。

5.1.4 科技人才对碳排放效率空间溢出效应的作用机理

　　由增长极理论可知，科技人才提升碳排放效率，地区经济活动影响周边地区的经济发展。根据扩散效应可知，按照内部要素的流行性特征，科技人才对碳排放效率具有正向空间溢出效应。科技人才传播知识、技术，促进创新，产生溢出效应，实现知识迁移，带来区域内部和区域之间的"溢出效应"。这种溢出作用是双向的，增长极地区的科技人才将科技知识与创新成果辐射到临近地区，而临近地区接受科技知识与创新成果，实现快速发展，弥补增长极地区的劣势。临近地区文化具有高度相似或趋同特性，科技人才融合的障碍较小，容易实现深度融合，促进科技创新活动。因此，科技人才依托于本地经济发展，带动临近地区技术创新，影响临近地区碳排放效率（张莉娜，倪志良，2022）。

5.2　统计测度与空间特征分析

本节运用随机前沿生产函数法（SFA）测算碳排放效率，在此基础上对测度结果进行分析，研究碳排放效率在不同省份间的分布情况，并探究其随时间的动态变化。

5.2.1　模型构建与变量选择

相较 DEA 方法，全要素视角的随机前沿模型（SFA）考虑了随机因素对产出的影响，具有一定优势。这里采用随机前沿生产函数法测度碳排放效率。随机前沿生产函数法基本结构表现为

$$y_{it} = f(x_{it})\exp(\nu_{it} - \mu_{it}) \quad i = 1,2,\cdots,N, \ t = 1,2,\cdots,T_N \quad (5-1)$$

其中，y_{it} 为决策单元 i 在时刻 t 的产出，x_{it} 为决策单元 i 在时刻 t 在该组投入要素，$f(x_{it})$ 为前沿生产函数，v_{it} 为随机误差项，代表所考察随机因素对产出影响，μ_{it} 为技术无效率项，服从正态截断分布，代表第 i 个省份在年份 t 的碳排放效率实际产出与效率理论最大产出之间的差距，同时，v_{it} 和 μ_{it} 相互独立。

下面运用随机前沿生产函数法构建柯布-道格拉斯生产函数（C-D 函数）或超越对数生产函数（Translog 函数），其中 C-D 函数为 Translog 函数的特殊简化形式。这里借鉴张慧等（2018）的方法，将非期望产出二氧化碳引入随机前沿生产函数中，采用 Translog 函数，测算我国省际碳排放效率，并构建模型：

$$\ln Y_{it} = \beta_0 + \sum_{n=1}^{4}\beta_n \ln x_{nit} + \frac{1}{2}\sum_{n=1}^{4}\sum_{j=1}^{4}\beta_{nj}\ln x_{nit}x_{jit} + \frac{1}{2}\sum_{n=j=1}^{4}\beta_{ni}(\ln x_{nit})^2 + \nu_{it} - \mu_{it}$$

$$(5-2)$$

其中，Y 为期望产出地区生产总值，x_1、x_2、x_3、x_4 分别代表劳动力投入、资本存量、能源消费量和二氧化碳排放量，$\nu_{it}-\mu_{it}$ 为方程复合残差。

在式（5-2）两端同时减去 $\ln x4$（CO_2），则左侧为 $\ln \dfrac{Y_{it}}{x_{4it}}$，记 $y_{it}=\dfrac{Y_{it}}{x_{4it}}$，$y_{it}$ 为碳排放效率，表示每单位二氧化碳实际产出期望与生产前沿边界的产出期望的比值。

$$TE_{it} = \frac{E\left[y_{it} \right]}{E\left[\dfrac{y_{it}}{\mu_{it}} = 0 \right]} = \exp(-\mu_{it}) \qquad (5-3)$$

式（5-3）表明，在 0~1 的碳排放效率值越接近 1，碳排放效率越高，随机生产前沿越有效。数值为 1 表示生产前沿边界，现有技术得到充分利用和发挥。根据随机前沿生产函数，碳排放效率越高表示资源配置效率越高。

下面构建随机前沿模型，测度碳排放效率，把二氧化碳排放量引入生产函数中，选取产出变量为实际地区生产总值，投入变量为二氧化碳排放量、资本、劳动力和能源消费（张宁，赵玉，2021）。具体变量含义如下：①资本存量（亿元）。利用永续盘存法（PIM）计算出 2005—2020 年各省份的资本存量，视 2005 年为基期，计算公式为 $K_{it}=K_{it-1}(1-\delta_{it})+I_{it}$，其中，$K_{it}$ 为 i 省份第 t 年资本存量，I_{it} 为 i 省份第 t 年全社会固定资产投资额，δ_{it} 选取 10.96% 作为折旧率（单豪杰，2008）。②劳动力投入（万人）。由于国内外研究人员采用常住人口数量来衡量劳动力投入，选取各地区年末常住人口来表示。③能源消费投入（万吨标准煤）。选取转换为万吨标准煤单位后的能源消费总量来表示。④年度地区生产总值（亿元）。使用各省份的地区生产总值指数将当年的名义地区生产总值平减为以 2005 年为基准年的实际地区生产总值。⑤二氧化碳排放量（万吨）。鉴于二氧化碳排放来源广泛，包含多种化石燃料燃烧，且目前尚缺乏精准统计，为增强估算的全面性、准确性，参照 IPCC（2006）及国家应对气候变化领导小组办公室和国家发展改革委能源研究所（2007）使用的估算方法，将化石燃料细分为煤炭、焦炭、汽油、煤油、柴油、燃料油和天然气 7 种能源和水泥，并将其作为估算化石能源燃烧排放二氧化碳的基础，根据能源消费量、能源燃烧发热值、碳含量、碳氧化率 4 个因子来测算各省份二氧化碳排放量（刘亦文，胡宗义，2015）。算式为

$$EC = \sum_{i=1}^{7} EC_i = \sum_{i=1}^{7} E_i \times CF_i \times CC_i \times COF_i \times \frac{44}{12} \qquad (5-4)$$

其中，EC 表示各地区估算的全部能源燃烧产生的二氧化碳排放总量，EC_i 表示各地区估算的各种能源燃烧产生的二氧化碳排放量，E_i 表示各地区第 i 种能源的消费总量，CF_i 表示第 i 种能源的发热值，CC_i 表示第 i 种能源的碳含量，COF_i 表示第 i 种能源的碳化因子，44 和 12 分别为二氧化碳和碳的分子量，$CF_i \times CC_i \times COF_i \times \frac{44}{12}$ 代表二氧化碳排放系数，具体见表5-1。

表 5-1　化石燃料燃烧二氧化碳排放系数

排放源	化石燃料燃烧						
	煤炭	焦炭	汽油	煤油	柴油	燃料油	天然气
碳含量/(t-C/TJ)	27.28	29.41	18.90	19.60	20.17	21.09	15.32
热值数据/(TJ/万吨)	178.24	284.35	44 800.00	44 750.00	43 330.00	40 190.00	3 893.10
碳氧化率/%	92.3	92.8	98.0	98.6	98.2	98.5	99.0
碳排放系数 /(吨 C/吨)	0.449	0.776	0.830	0.865	0.858	0.835	5.905
二氧化碳排放系数 /(吨 C/吨)	1.647	2.848	3.045	3.174	3.150	3.064	21.67

水泥生产过程产生的二氧化碳排放量的算式为

$$CC = Q \times EF_{cement} \qquad (5-5)$$

其中，Q 为水泥产量，EF_{cement} 为生产过程中的二氧化碳排放系数。

5.2.2　统计测度结果

本小节采用随机前沿生产函数法计算出 30 个省份在研究期间二氧化碳排放量，结合 SFA 模型，测算 2005—2020 年我国各省份的碳排放效率。为分析我国碳排放效率的整体分布格局，绘制核密度图描述碳排放效率数据的运动分布，连续对其密度进行拟合，观察碳排放效率的动态演变。结果如图 5-1 所示。

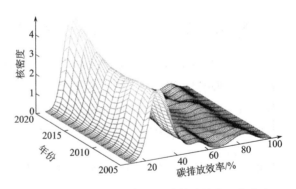

图 5-1 2005—2020 年我国碳排放效率的核密度

从分布位置来看，2005—2020 年我国碳排放效率核密度分布的整体变动不大，右尾变化不明显，这说明我国碳排放效率较高省份数量未增多，整体变动幅度较小。从分布形态来看，研究期内省际碳排放效率分布主要以单峰形态进行演化，核密度分布右侧存在多处轻微"隆起"，这表明碳排放效率存在轻微"两极分化"情况。核密度峰值呈 U 形分布，这表明每年碳排放效率分布呈稳定态势。从数值来看，每年多数省份碳排放效率值集中在 20% 左右，呈现低值集聚态势。测算结果表明，我国排放效率均值为 32%，节能减排形势严峻。这可能是因为各地方过去重视经济增长而忽略了生态效益。

为清晰描述研究期间各省份碳排放效率的具体数值与动态变化，绘制 2005—2020 年各省份碳排放效率瀑布图，如图 5-2 所示。

研究期间，我国 30 个省份碳排放效率整体上呈稳定态势，有所波动，但起伏较小。从省份层面来看，我国各省份碳排放效率区域差异明显，北京、天津、上海年均碳排放效率值分别为 96%、89%、79%，年均碳排放效率值位居全国前三，碳排放效率均值超过 70%。排名倒数后五位的省份均为中西部地区，效率均值均低于 20%，各省份碳排放效率差距较大，亟须从空间关联视角制定差异化政策提升我国整体碳排放效率。

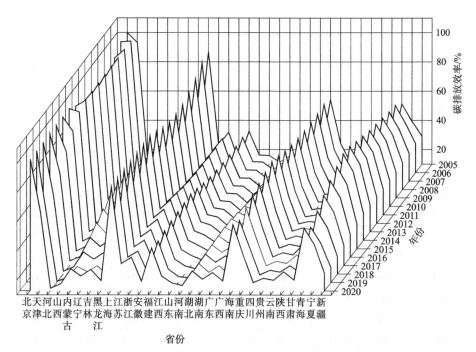

图 5-2　2005—2020 年我国碳排放效率的瀑布

5.2.3　空间特征分析

1. 全局空间特征

下面进一步探究我国碳排放效率的整体变动态势，明确碳排放效率的空间关联特性，引入空间自相关分析，基于地理邻接矩阵和反距离空间权重矩阵，分别测算我国 2005—2020 年省际碳排放效率的全局 Moran's I 数值，分析我国各省份碳排放效率的空间依赖程度，结果见表 5-2。

表 5-2　2005—2020 年我国碳排放效率的 Moran's I 指数

年份	W_0（地理邻接矩阵）				W_1（反距离空间权重矩阵）			
	Moran's I	Sd(I)	z	p 值	Moran's I	Sd(I)	z	P 值
2005	0.308	0.116	2.956	0.002	0.318	0.090	3.914	0.000
2006	0.304	0.116	2.907	0.002	0.32	0.090	3.927	0.000

续表

年份	W_0（地理邻接矩阵）				W_1（反距离空间权重矩阵）			
	Moran's I	Sd(I)	z	p 值	Moran's I	Sd(I)	z	P 值
2007	0.296	0.117	2.829	0.002	0.318	0.091	3.890	0.000
2008	0.285	0.117	2.734	0.003	0.312	0.091	3.817	0.000
2009	0.274	0.117	2.632	0.004	0.304	0.091	3.721	0.000
2010	0.263	0.118	2.529	0.006	0.295	0.091	3.614	0.000
2011	0.252	0.118	2.430	0.008	0.286	0.092	3.503	0.000
2012	0.242	0.118	2.337	0.010	0.277	0.092	3.388	0.000
2013	0.233	0.119	2.252	0.012	0.267	0.092	3.270	0.001
2014	0.224	0.119	2.174	0.015	0.256	0.092	3.142	0.001
2015	0.215	0.119	2.099	0.018	0.242	0.092	2.995	0.001
2016	0.205	0.118	2.025	0.021	0.224	0.092	2.820	0.002
2017	0.193	0.117	1.947	0.026	0.202	0.091	2.604	0.005
2018	0.179	0.115	1.857	0.032	0.174	0.089	2.343	0.01
2019	0.163	0.113	1.750	0.040	0.143	0.087	2.037	0.021
2020	0.180	0.115	1.862	0.031	0.175	0.089	2.353	0.009

从整体来看，2005—2020 年我国碳排放效率全局 Moran's I 均在 5% 的显著性水平上为正，数值集中在 0.14~0.32，这充分表明省际碳排放效率存在正的空间相关性，表现出较强空间集群特性。从变化过程来看，在两种权重矩阵设定下，2005 年碳排放效率全局 Moran's I 分别为 0.308、0.318，此后莫兰指数整体上呈现逐年递减态势，这表明空间集聚效应随时间推移逐年弱化。随着社会进步和社会对绿色低碳认识的加深，一些地方因地制宜制定环境政策和低碳经济发展规划，结合自身能源结构、城镇化发展阶段、定位和产业特色，探索不同节能减排路径，呈现多样化发展特点，空间集聚特性较强，但逐年递减。

2. 区域碳排放效率的局部空间特征

根据全局莫兰指数，我国区域碳排放效率在全域上存在正相关的空间特征，但是局部特征并未进行阐释，这里采用局部的莫兰散点图检验碳排放效率在局部上的空间关联性。分别基于 W_0、W_1，绘制 2005 年和 2020 年碳排放效率的 Moran's I 指数散点图，以直观阐释碳排放效率的局部集聚特征，如图 5-3、图 5-4、图 5-5 和图 5-6 所示。

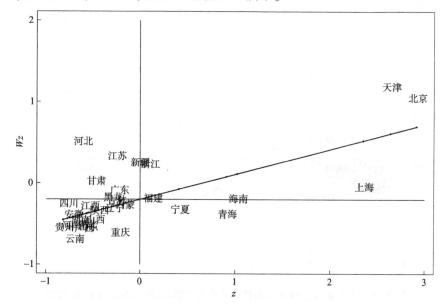

图 5-3　基于 W_0 的 2005 年碳排放效率莫兰散点图（Moran's I = 0.308）

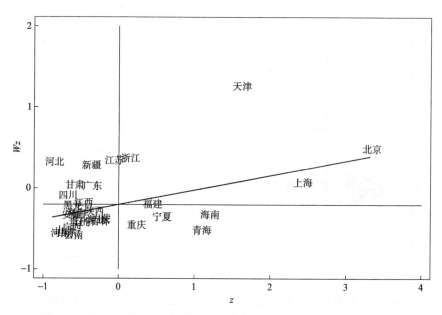

图 5-4　基于 W_0 的 2020 年碳排放效率莫兰散点图（Moran's I = 0.180）

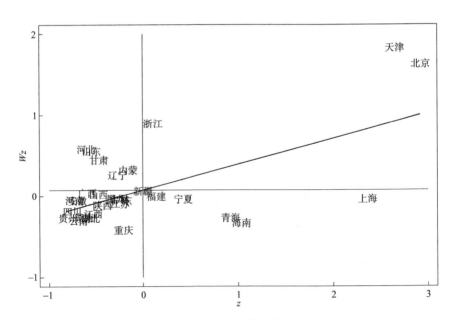

图 5-5 基于 W_1 的 2005 年碳排放效率莫兰散点图 （Moran's I = 0.318）

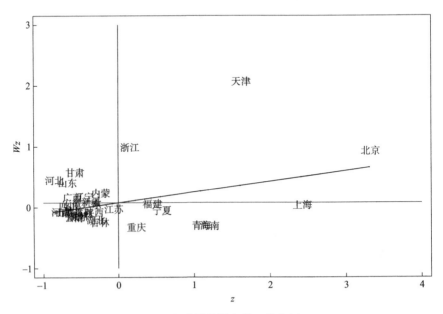

图 5-6 基于 W_1 的 2020 年碳排放效率莫兰散点图 （Moran's I = 0.175）

根据图 5-3、图 5-4、图 5-5 和图 5-6,在两种权重矩阵下,碳排放效率具有极强的空间依赖性。对比观察碳排放效率的莫兰散点图可发现,H-H(高-高)象限中包括北京、天津、浙江等省份,这说明这些自身碳排放效率较高的地区也被高值区域所包围,属于高-高聚集,L-L(低-低)象限中包括贵州、安徽、河南、湖北等多个省份,这说明这些碳排放效率较低的地区也被低值区域所包围,属于低-低聚集。同时,在两种权重矩阵设定中位于Ⅰ、Ⅲ象限的 H-H(高-高)和 L-L(低-低)聚集省份占比较高,大部分省份位于Ⅰ、Ⅲ象限,这证实了碳排放效率空间分布的非均质性,即存在高度空间聚集性,小部分地区存在空间差异性。这表明我国各省份碳排放效率在空间上并非呈随机分布之势,在存在空间依赖性的同时,亦具空间异质性。

5.3 模型设定与变量选取

本节构建双向固定模型,检验科技人才与碳排放效率之间的关系,探讨绿色技术创新、高技术产业集聚和城镇化水平等中介变量的作用,构建中介效应模型,深入分析科技人才影响碳排放效率的作用机制,构建固定效应面板门槛模型、空间杜宾模型(SDM),分析科技人才对碳排放效率的非线性影响和空间溢出效应。

5.3.1 模型构建

首先,基于上述理论,分析科技人才对碳排放效率是否存在影响,构建双向固定模型:

$$\text{TE}_{it} = \alpha + \beta \ln \text{AGG}_{i,t} + \sum \text{Control}_{i,t} + \theta_i + \mu_t + \varepsilon_{i,t} \quad (5-6)$$

其中,i 和 t 分别表示省份与时间,TE 为被解释变量碳排放效率,$\ln$ AGG 为核心解释变量科技人才指数,Control 为模型中所有控制变量,θ 为省份效应,μ 为年度效应,ε 为随机误差项。

其次，结合理论分析可知，科技人才可能通过中介渠道影响碳排放效率。为厘清科技人才影响碳排放效率的具体作用机制，本节根据中介效应检验程序，构建中介效应模型检验科技人才影响碳排放效率的传导路径。

$$TE_{i,t} = \alpha_1 + \alpha_2 \ln AGG_{i,t} + \sum Control_{i,t} + \theta_i + \mu_t + \varepsilon_{i,t} \quad (5-7)$$

$$\ln AGG_{i,t} = \beta_1 + \beta_2 \ln ZJ_{i,t} + \sum Control_{i,t} + \theta_i + \mu_t + \varepsilon_{i,t} \quad (5-8)$$

$$TE_{i,t} = \rho_1 + \rho_2 \ln AGG_{i,t} + \rho_3 \ln ZJ_{i,t} + \sum Control_{i,t} + \theta_i + \mu_t + \varepsilon_{i,t}$$
$$(5-9)$$

其中，ZJ 为中介变量，包括绿色技术创新（GTI）、高技术产业集聚（AG）和城镇化水平（URB），α、β、ρ 为回归系数，用来判断科技人才对碳排放效率中的中介效应是否存在。步骤如下：首先，检验模型式（5-7）中科技人才对碳排放效率的影响系数 α_2 是否显著；其次，检验模型式（5-8）中科技人才对中介变量的影响系数 β_2 是否显著；最后，检验模型式（5-9）在纳入中介变量之后，中介变量对碳排放效率的影响系数 ρ_3 是否显著，若科技人才对碳排放效率影响系数 ρ_3 显著，则科技人才在这一过程中起到部分中介效应，而若科技人才对碳排放效率影响系数 ρ_3 不显著，则说明中介变量在这一过程中起完全中介效应。

再次，考察科技人才对碳排放效率的非线性影响，揭示不同科技人才指数下科技人才驱动碳排放效率提升的差异性和非线性特征，借鉴李琳和曾伟平（2021）的研究，构建固定效应面板门槛模型进行实证检验：

$$TE_{i,t} = \mu_{i,t} + \theta Control_{i,t} + \delta_1 \ln AGG_{i,t}(\ln AGG_{i,t} \leqslant \gamma)$$
$$+ \delta_2 \ln AGG_{i,t}(\ln AGG_{i,t} > \gamma) + \varepsilon_{i,t} \quad (5-10)$$

其中，$TE_{i,t}$ 为 i 地区 t 年份的碳排放效率，Control 为全部控制变量，AGG 为受门槛变量影响的科技人才指数，将科技人才作为门槛变量，γ 为待估门槛值，$\varepsilon_{i,t}$ 为随机扰动项。

最后，碳排放效率可能不是单纯的局部环境问题，故构建考虑空间溢出效应的空间计量模型，分析空间溢出效应的强度和作用方向，构建空间杜宾模型：

$$TE_{i,t} = \beta_0 + \beta_1 WTE_{i,t} + \beta_2 \ln AGG_{i,t} + \beta_3 W \ln AGG_{i,t}$$
$$+ \beta_4 \sum Control_{i,t} + \beta_5 \sum WControl_{i,t} + \varepsilon_{i,t} \quad (5-11)$$

其中，TE 为被解释变量碳排放效率，ln AGG 为核心解释变量科技人才指数，Control 为模型中所有控制变量，W 为所引入空间权重矩阵，β_1、β_2 分别为各自空间自回归系数，$\beta_1 WTE_{i,t}$ 和 $\beta_2 WlnAGG_{i,t}$ 分别为被解释变量和解释变量空间滞后项，$\varepsilon_{i,t}$ 为空间误差项。下面基于地理邻接矩阵和反距离空间权重矩阵进行分析，构建空间杜宾模型，对比实证回归结果。

5.3.2　变量说明

选取随机前沿模型（SFA）测算的碳排放效率（TE）作为被解释变量，环境变量选取涵盖经济、制度、能源和社会等影响碳排放效率的指标。

选取科技人才指数（AGG）作为核心解释变量，以 R&D 人员数为基础构建科技人才区位熵指数，衡量科技人才程度（李作学，张蒙，2022）。算式如下：

$$AGG_{i,t} = \frac{r_{i,t}/R_{i,t}}{x_t/X_t} \qquad (5-12)$$

其中，AGG 为核心解释变量科技人才指数，$r_{i,t}$ 为 i 地区 t 年份的 R&D 人员全时当量，$R_{i,t}$ 为 i 地区 t 年份的年末常住人口，x_t 与 X_t 分别为 t 年份的 R&D 人员全时当量与全国年末常住人口。

选取绿色技术创新（GTI）作为中介变量。依据世界知识产权组织（WIPO）的国际专利分类绿色清单，分析《联合国气候变化框架公约》的绿色专利划分标准，依据划分标准，识别企业绿色专利数量，将其作为企业绿色技术创新的核心衡量指标（齐绍洲等，2018）。

选取高技术产业集聚（AG）作为中介变量。高技术产业涵盖大量知识密集型企业和资源节约、环境友好的绿色产业，已成为绿色低碳发展的重要产业依据。高技术产业集聚带来规模效应、知识溢出与创新互动效应，可提升碳排放效率。这里采用区位熵法进行测算（戴一鑫，卢泓宇，2022），算式如下：

$$AG_{i,t} = \frac{e_{i,t}/E_{i,t}}{g_t/G_t} \qquad (5-13)$$

其中，AG 为中介变量高技术产业集聚指数，$e_{i,t}$ 为 i 地区 t 年份高技术产业的主营业务收入，$E_{i,t}$ 为 i 地区 t 年份的 GDP，g_t 与 G_t 分别为 t 年份全国高技术产业的主营业务收入与 GDP。

选取城镇化水平作为中介变量。城镇人口占比的提高会促使本地资源要素集聚，加快企业生产效率提高，促进区域经济增长和碳排放效率提升。因此，选取城镇人口占比衡量城镇化水平（何伟军等，2022）。

为解决重要遗漏变量对模型估计造成的偏误问题，这里借鉴已有研究（郭沛，梁栋，2022），选取 4 个变量作为控制变量：①能源结构（ES），以煤炭消耗量占本书测算效率的 7 种能源消耗总量比重作为代理变量。②人口规模（POP），用各省份人口密度作为代理变量。③对外投资（FDI），用各省份实际利用外商直接投资额作为代理变量。④政府干预（GOV），用地方财政支出占地区生产总值比重来衡量。变量含义及指标选取见表 5-3。

表 5-3　变量说明

变量类别	变量代码	变量名称	指标选取
被解释变量	TE	碳排放效率	根据公开数据自行计算
核心解释变量	AGG	科技人才指数	区位熵法测算
中介变量	GTI	绿色技术创新	绿色发明专利授权量
	AG	高技术产业集聚	区位熵法测算
	URB	城镇化水平	城镇人口占年末常住人口比重
控制变量	ES	能源结构	煤炭消耗量占能源消耗比重
	POP	人口规模	城市人口密度
	FDI	对外投资	外商直接投资
	GOV	政府干预	政府一般预算支出占地区生产总值比重
工具变量	IV	明清时期进士总数量	明代与清代总的进士数量

30 个省份 2005—2020 年的面板数据来源于《中国统计年鉴》、CNRDS 数据库、国家知识产权局和各省份统计年鉴。对于部分缺失数据，采用插值法进行补齐，进行对数处理。各变量描述性统计见表 5-4。

表5-4 统计性描述

变量名称	变量代码	观测值	平均值	标准差	最小值	最大值
碳排放效率	TE	450	0.321	0.225	0.096 70	1
科技人才指数	AGG	450	1.041	1.155	0.112 00	10.480
高技术产业集聚	AG	450	0.706	0.675	0.002 47	2.927
绿色技术创新	GTI	450	540.500	920.800	0	5 574.000
城镇化水平	URB	450	55.170	14.010	26.860 00	89.580
能源结构	ES	450	81.980	10.320	5.993 00	95.760
政府干预	GOV	450	23.840	10.880	9.194 00	75.830
人口规模	POP	450	2 757.000	1 258.000	189.000 00	6 307.000
外商投资	FDI	450	151 064.000	284 417.000	700.000 00	2 745 000.000
明清时期进士总数量	IV	30	1 684.000	1 777.000	0	6 617.000

5.4 实证结果分析

本节构建双向固定模型，评估科技人才与碳排放效率之间的关系，分析科技人才对碳排放效率的影响机制。回归结果表明，科技人才对碳排放效率具有显著的正向影响，科技人才可以有效提升区域碳排放效率。本节在基准回归的基础上，采用多种方法解决潜在内生性问题，进行稳健性检验，构建中介效应模型、面板门槛模型和空间杜宾模型，深入分析科技人才如何影响碳排放效率。

5.4.1 基准模型回归分析

首先对各变量的方差膨胀因子（VIF）进行检验，检验结果显示，所有变量 VIF 均小于 5，这表明变量间不存在多重共线问题。构建双向固定模型，深入探析科技人才对碳排放效率的影响，基准模型回归的估计结果见表 5-5。

其中，表 5-5 的列（1）为混合 OLS 回归，列（2）（3）（4）（5）（6）为逐步加入模型控制变量的双向固定模型，列（6）为最终的基准模型。研究结果表明，在控制诸多因素之后，科技人才对碳排放效率的影响系数始终保持在1%水平上显著为正，控制变量回归结果符合预期效果。科技人才指数每提高1个百分点，碳排放效率将提高0.061个百分点，科技人才可以有效提升碳排放效率。

表5-5　基准回归结果

变量	(1) OLS	(2) 双向固定	(3) 双向固定	(4) 双向固定	(5) 双向固定	(6) 双向固定
lnAGG	0.227***	0.059***	0.064***	0.061***	0.062***	0.061***
	(20.296)	(6.424)	(7.083)	(6.791)	(6.897)	(6.749)
lnES	-0.330***	—	-0.056***	-0.054***	-0.053***	-0.052***
	(-9.740)	—	(-4.644)	(-4.450)	(-4.406)	(-4.284)
lnPOP	-0.039***	—	—	-0.014**	-0.013**	-0.013*
	(-3.140)	—	—	(-2.113)	(-1.984)	(-1.965)
lnFDI	-0.023***	—	—	—	0.013**	0.013**
	(-3.835)	—	—	—	(2.251)	(2.258)
lnGOV	0.290***	—	—	—	—	-0.025
	(14.642)	—	—	—	—	(-1.122)
常数项	1.503***	0.308***	0.558***	0.644***	0.509***	0.570***
	(7.221)	(43.290)	(10.272)	(9.523)	(5.652)	(5.414)
省份固定效应	—	已控制	已控制	已控制	已控制	已控制
时间固定效应	—	已控制	已控制	已控制	已控制	已控制
样本量	480	480	480	480	480	480
R^2	0.634	0.308	0.341	0.347	0.355	0.357

注："*""**""***"分别表示通过10%、5%、1%的显著性检验，"（ ）"内为t值或者z值。

5.4.2　内生性与稳健性检验

为进一步验证科技人才提升碳排放效率的核心结论，这里进行内生性与稳健性检验。

1. 内生性检验

前文采取控制省份和年份的双向固定的方式解决内生性问题带来的估计偏误。下面借鉴夏怡然等（2019）和孙文浩（2021）的相关研究，将明清时期进士总人数作为科技人才的工具变量，进一步进行稳健性检验，并解决科技人才与碳排放效率之间存在的内生性问题。工具变量使用历史上明代与清代总的进士数量加以衡量，即将科举中胜出的进士作为古代人力资本水平最高的人群。明清时期政府翔实记录进士籍贯，这里收集整理《明清进士题名碑录索引》，将 47 631 名进士籍贯与现在 240 个城市进行匹配，在省级层面进行加总，并运用两阶段最小二乘法建立逻辑链条，以中国明清以来的科举进士信息构建跨世纪的高技能人才数据。历史上的人才集聚影响当代科技人才，从而形成当前的科技人才空间分布格局。内生性检验结果见表 5-6。

表 5-6　内生性检验

IV-2SLS	第一阶段	第二阶段
	lnAGG	ET
lnAGG	—	0.092***
	—	(4.88)
IV	0.008***	—
	(8.98)	—
lnES	0.242***	−0.057***
	(3.19)	(−5.14)
lnPOP	−0.075	−0.008
	(−1.53)	(−0.81)
lnFDI	−0.036	−0.013**
	(−0.79)	(2.16)
lnGOV	−0.031	−0.020
	(−0.22)	(−0.81)
常数项	−108.706***	0.946***
	(−8.75)	(6.55)

IV-2SLS	第一阶段	第二阶段
	lnAGG	ET
省份固定	已控制	已控制
时间固定	已控制	已控制
Kleibergen-Paap rk LM	—	34.724***
Cragg-Donald Wald F 统计量	—	80.307
Kleibergen-Paap rk Wald F 统计量	—	80.606
R^2	—	0.992
样本量	480	480

注："*""**""***"分别表示通过10%、5%、1%的显著性检验，"（ ）"内为 t 值或者 z 值。

表5-6显示，科技人才对碳排放效率的影响的边际效应在1%水平下显著为正，且控制变量回归结果与基准回归方向、显著性基本一致。Kleibergen-Paap rk LM 检验 p 值为 0.000 表明不存在工具变量不可识别问题，Cragg-Donald Wald F 统计量为 80.307 大于弱工具变量 10% 显著性水平临界值 16.38，这说明不存在弱工具变量等问题，意味着在考虑到内生性问题后，科技人才依旧能显著促进碳排放效率的提升，验证了基准回归结论的可靠性。

2. 替换核心解释变量

为解决测量误差偏误可能造成的问题，下面采用地区全部从业人员与 R&D 人员当量，运用区位熵法测算科技人才（徐军海，黄永春，2021），进行稳健性检验，回归结果见表5-7。表5-7列（1）回归结果表明科技人才可有效促进碳排放效率提升的结论依旧成立。

表5-7　稳健性检验

变量名称	(1)	(2)	(3)
	更换核心解释变量	更换被解释变量	增添控制变量
lnAGG	0.059***	0.056***	0.060***
	(6.888)	(2.695)	(6.656)

续表

变量名称	(1)	(2)	(3)
	更换核心解释变量	更换被解释变量	增添控制变量
lnES	-0.054***	-0.203***	-0.044***
	(-4.464)	(-7.303)	(-3.590)
lnPOP	-0.010	-0.024	-0.015**
	(-1.447)	(-1.582)	(-2.279)
lnFDI	0.011**	-0.022*	0.011*
	(2.035)	(-1.689)	(1.895)
lnGOV	-0.016	-0.174***	-0.008
	(-0.703)	(-3.413)	(-0.355)
lnST	—	—	-0.098***
	—	—	(-2.886)
常数项	0.547***	2.397***	0.889***
	(5.189)	(9.923)	(5.849)
省份固定	已控制	已控制	已控制
时间固定	已控制	已控制	已控制
样本量	480	480	480
R^2	0.359	0.448	0.369

注:"*""**""***"分别表示通过 10%、5%、1% 的显著性检验,"( )"内为 t 值或者 z 值。

3. 替换被解释变量

包含非期望产出的 SBM 模型可以测算碳排放效率,因此,其得到了一定应用。为增强结论的稳健性,本小节更改了被解释变量即碳排放效率的测算方法,基于上文指标,采用非径向、非角度的 SBM 模型测算我国各省份碳排放效率(郭炳南,林基,2017),并以此进行稳健性检验,回归结果见表 5-7 列(2)。结果表明,科技人才对碳排放效率的影响依旧显著为正,强化了研究结论。

4. 增添控制变量

添加产业结构升级(lnST)作为控制变量,以第三产业增加值占地区生产总值的比重取对数来衡量产业结构升级，并据此进行回归分析，结果见表5-7列（3）。结果表明，加入控制变量后，科技人才对碳排放效率的影响依旧显著为正，结论依旧稳健。

5.4.3 中介效应分析

本小节深入分析科技人才对碳排放效率的影响机制，并运用中介效应检验法考察科技人才对碳排放效率影响的中介传导机制，具体结果见表5-8。

表5-8 中介效应分析

变量	基准模型	绿色技术创新高技术产业集聚		城镇化水平变量		基准模型绿色技术创新	
	ET（1）	LnGTI（2）	ET（3）	lnAG（4）	ET（5）	lnURB（6）	ET（7）
lnAGG	0.061 ***	0.499 ***	0.057 ***	0.258 ***	0.057 ***	0.043 ***	0.052 ***
	（6.749）	（6.737）	（5.992）	（3.156）	（6.308）	（3.536）	（5.889）
lnGTI	—	—	0.011 *	—	—	—	—
			（1.928）				
lnAG	—	—	—	—	0.015 ***	—	—
					（2.759）		
lnURB	—	—	—	—	—	—	0.218 ***
							（6.277）
lnES	−0.052 ***	0.118	−0.053 ***	0.354 ***	−0.057 ***	0.120 ***	−0.078 ***
	（−4.284）	（1.188）	（−4.362）	（3.230）	（−4.690）	（7.426）	（−6.326）
lnPOP	−0.013 *	0.018	−0.012 *	−0.040	−0.012 *	−0.023 ***	−0.008
	（−1.965）	（0.328）	（−1.855）	（−0.680）	（−1.889）	（−2.697）	（−1.224）
lnFDI	0.013 **	0.089 *	0.011 **	0.144 ***	0.011 *	0.055 ***	0.001
	（2.258）	（1.920）	（1.982）	（2.826）	（1.882）	（7.304）	（0.137）
lnGOV	−0.025	−0.289	−0.032	−0.049	−0.024	−0.058 *	−0.012
	（−1.122）	（−1.561）	（−1.399）	（−0.246）	（−1.097）	（−1.963）	（−0.574）
常数项	0.570 ***	2.732 ***	0.563 ***	−3.653 ***	0.624 ***	3.046 ***	−0.093
	（5.414）	（3.156）	（5.285）	（−3.835）	（5.866）	（21.711）	（−0.637）

变量	基准模型	绿色技术创新高技术产业集聚		城镇化水平变量		基准模型绿色技术创新	
	ET（1）	LnGTI（2）	ET（3）	lnAG（4）	ET（5）	lnURB（6）	ET（7）
省份固定	已控制	已控制	已控制	已控制	已控制	已控制	已控制
时间固定	已控制	已控制	已控制	已控制	已控制	已控制	已控制
样本量	480	480	480	480	480	480	480
R^2	0.357	0.933	0.364	0.250	0.368	0.876	0.411

注："*""**""***"分别表示通过10%、5%、1%的显著性检验，"（）"内为 t 值或者 z 值。

根据表中结果，结合相关理论，可检验科技人才通过绿色技术创新、高技术产业集聚和城镇化水平作用于碳排放效率的中介效应。

模型（1）不考虑中介变量绿色技术创新、高技术产业集聚和城镇化水平，科技人才指数对碳排放效率影响系数在1%的水平上显著为正，即科技人才提升可促进碳排放效率的提高。

从绿色技术创新的中介效应来看，模型（2）科技人才指数对绿色技术创新的影响在1%水平上显著为正，这表明科技人才对绿色技术创新起正向促进效应。模型（3）纳入中介变量绿色技术创新时，结果显示科技人才指数与绿色技术创新的回归系数均在1%的水平上显著为正，这说明绿色技术创新可促进碳排放效率的提升。因此，科技人才提升既可直接促进碳排放效率水平的提升，又可通过提升绿色技术创新水平促进碳排放效率。

从高技术产业集聚的中介效应来看，模型（4）科技人才指数对高技术产业集聚的影响在1%水平上显著为正，这表明科技人才对高技术产业集聚起正向促增效应。模型（5）纳入高技术产业集聚时，结果显示，科技人才指数与高技术产业集聚的回归系数均在1%的水平上显著为正，这说明高技术产业集聚可促进碳排放效率提升。结果表明，高技术产业集聚在科技人才影响碳排放效率过程中发挥了中介效应。

从城镇化水平的中介效应来看，模型（6）科技人才指数对城镇化水平的影响在1%水平上显著为正，这表明科技人才对城镇化水平起正向促进效应。模型（7）纳入城镇化水平时，结果显示，科技人才指数与城镇化水平的回归系数均在 1% 的水平上显著为正，这说明城镇化水平可促进碳排放效率提升。结果表明，城镇化水平在科技人才影响碳排放效率过程中发挥了中介效应。

5.4.4 非线性效应分析

前面已证实，科技人才可以有效提升碳排放效率，明确了其传导机制。本小节进一步构建面板门槛模型，探究科技人才对碳排放效率的非线性影响，p 值和临界值均为采用 Bootstrap 法模拟 300 次后的结果，结果见表 5-9。研究结果表明，科技人才对碳排放效率的影响存在显著的单一门槛效应，而双重门槛检验结果不显著。单一门槛估计值的 F 值为 61.63，相应"自抽样（Bootstrap）"下的 p 值为 0.023，科技人才指数的门槛值为 0.849，低于 0.849 的区域为区域一，高于 0.849 的区域为区域二。

表 5-9　门槛效应检验

变量	模型	门槛值	F	p	临界值		
					10%	5%	1%
科技人才指数	单一门槛	0.849	61.63	0.023	39.485	44.653	93.116
	双重门槛	1.436	23.36	0.300	37.170	45.488	56.396

单一门槛效应的面板门槛模型见表 5-10。回归结果显示，不论科技人才指数是否跨越门槛值，估计系数均为正，可见科技人才可有效促进碳排放效率的提升，但科技人才指数的高低对碳排放效率的正向影响存在显著差异。当科技人才指数跨过门槛值 0.849 后，科技人才对碳排放效率的影响系数从 0.050 增大为 0.184，且在 1% 的水平上通过显著性检验。这表明，随着科技人才指数的提高，科技人才对提升碳排放效率的驱动效应增强，对碳排放效率的促进作用更加显著。究其原因，科技人才指数较低的地区经济发展水平也相应较低，绿色技术创新水平不高，难以提升能源利用效率，降低碳排放量。当科技人才指数进一步提高并跨越门槛值之后，科技人才将加快绿色技术创新团队的形成，提高企业能源利用效率与生产效能，从而对碳排放效率的提升起到较大的推动作用。

表5-10 面板门槛模型回归结果

变量	系数	标准误	t	$P>t$	95% Conf.	Interval
lnAGG_1（lnAGG≤0.843 4）	0.050	0.010	5.11	0.000	0.031	0.070
lnAGG_2（lnAGG>0.843 4）	0.184	0.018	10.32	0.000	0.149	0.219
常数项	0.548	0.075	7.29	0.000	0.400	0.696
控制变量	已控制	已控制	已控制	已控制	已控制	已控制
固定效应	已控制	已控制	已控制	已控制	已控制	已控制

5.4.5 空间效应分析

本小节根据地理学第一定律，构建空间杜宾模型，厘清我国科技人才对碳排放效率的影响与空间溢出效应，分析科技人才对碳排放效率影响的空间作用机制。

1. 模型检验与结果分析

根据碳排放效率的空间相关性检验，碳排放效率具有空间相关特性。采用空间杜宾模型进行实证分析，需判断空间杜宾模型对本书变量的适用性。首先，可通过LM检验和稳健的LM检验判断空间误差模型、空间自相关模型与空间杜宾模型适配情况，基于此进行Wald检验和LR检验判别空间杜宾模型是否可退化。空间计量模型甄别与检验结果见表5-11。

表5-11 空间计量模型甄别结果

	检验方法	检验结果		p值	
		W_0	W_1	W_0	W_1
模型选择	LM_lag检验	411.068	464.971	0	0
	LM_err检验	344.422	361.504	0	0
	R-LM_lag检验	79.093	120.168	0	0
	R-LM_err检验	12.447	16.702	0	0

续表

检验方法		检验结果		p 值	
		W_0	W_1	W_0	W_1
模型简化	Wald 检验	55.660	260.790	0	0
		29.030	97.620	0	0
	LR 检验 1（SDM&SAR）	276.520	73.040	0	0
	LR 检验 2（SDM&SEM）	292.810	85.630	0	0
	Hausman 检验	126.440	272.260	0	0

由表 5-11 可知，在两种权重矩阵设定下，4 种 LM 检验均表明在 1% 的显著性水平上存在空间误差与空间滞后效应，构建空间杜宾模型较为合理，且 Wald-lag、Wald-err、LR-lag 和 LR-err 检验结果均表明空间杜宾模型不能退化为空间滞后或空间误差模型，这说明空间杜宾模型对本书研究更适配。同时，Hausman 检验 p 值均小于 0.1，拒绝随机效应原假说，因此构建固定效应空间杜宾面板模型作为计量模型。

根据拟合优度 R^2、各自变量的显著性及经济学意义等指标对比时间固定、个体固定和双固定效应模型可发现，在两种权重矩阵设定下，选择时间固定效应的空间杜宾模型进行回归最优，结果见表 5-12。可知，就解释变量回归系数的符号、大小及显著性水平而言，两模型中各变量前回归系数符号基本一致，这表明模型回归结果具有较强稳健性。

表 5-12　空间杜宾模型估计结果

变量	回归系数		WX	
空间权重矩阵	W_0	W_1	W_0	W_1
lnAGG	0.189 ***	0.160 ***	0.120 ***	0.079 **
	(18.51)	(11.94)	(5.26)	(2.44)
LnES	-0.207 ***	-0.302 ***	-0.112 **	-0.010
	(-8.50)	(-10.10)	(-2.46)	(-0.19)
lnPOP	-0.018 *	-0.031 **	0.175 ***	0.025
	(-1.80)	(-2.48)	(8.20)	(0.53)

续表

变量	回归系数		WX	
空间权重矩阵	W_0	W_1	W_0	W_1
lnFDI	0.001	0.024**	0.071***	−0.004
	(0.07)	(2.55)	(4.38)	(−0.18)
lnGOV	0.466***	0.486***	0.094*	−0.235***
	(21.30)	(17.19)	(1.77)	(−3.01)
rho	0.177***	0.172**	—	—
	(2.84)	(2.31)	—	—
样本量	480	480	—	
R^2	0.4633	0.6564		

注：" * "" ** "" *** "分别表示通过10%、5%、1%的显著性检验，"（ ）"内为t值或者z值。

由表可见，在考虑空间关联后，在地理邻接矩阵和反距离空间权重矩阵设定下空间杜宾模型的空间自回归系数 rho 分别为 0.177、0.172，均在1%和5%的显著性水平上显著为正，即临近（相邻）地区碳排放效率提升1%，将会引起本地区碳排放效率分别增加 0.177%、0.172%，这表明在空间交互作用下我国碳排放效率存在明显正向的溢出效应，即临近省份碳排放效率会对本省份的碳排放效率产生有利影响，区域间的碳排放效率呈现良性互动态势。

在两种权重矩阵的设定下，科技人才指数对碳排放效率的回归系数均在1%的水平上显著为正，这表明城镇化水平的提升可对我国碳排放效率起到一定程度的促增效应，$W×lnAGG$ 估计值在5%的显著性水平上显著为正，这表明科技人才对碳排放效率的影响过程存在空间溢出效应，临近（相邻）省份科技人才对本地碳排放效率具有正向影响。

从控制变量的系数看，以 W_0 矩阵设定下的空间杜宾模型估计结果为例，ln GOV 通过了显著性检验且系数显著为正，这表明政府干预对本省碳排放效率存在增促效应。ln ES、ln POP 对本省份碳排放效率的影响在1%显著性水平上显著为负，这说明煤炭消费占比与人口密度的提升显著抑制了本省份碳排放效率的提升。

2. 空间溢出效应分析

下面进一步分析科技人才对碳排放效率空间溢出效应的具体效果，对空间杜宾模型的实证结果进行空间效应的分解，结果见表5-13。

表5-13 科技人才对碳排放效率影响的空间效应分解

变量	直接效应		溢出效应		总效应	
	W_0	W_1	W_0	W_1	W_0	W_1
lnAGG	0.196***	0.163***	0.181***	0.127***	0.377***	0.290***
	(21.66)	(12.79)	(6.55)	(3.91)	(14.60)	(10.26)
LnES	-0.216***	-0.307***	-0.173***	-0.073	-0.388***	-0.380***
	(-10.18)	(-12.03)	(-3.50)	(-1.15)	(-6.94)	(-5.32)
lnPOP	-0.010	-0.030**	0.198***	0.015	0.188***	-0.015
	(-0.90)	(-2.14)	(8.47)	(0.30)	(6.22)	(-0.25)
lnFDI	0.004	0.025***	0.082***	-0.002	0.086***	0.023
	(0.50)	(2.58)	(4.59)	(-0.06)	(4.60)	(0.77)
lnGOV	0.472***	0.479***	0.208***	-0.177**	0.680***	0.302***
	(19.35)	(15.21)	(3.46)	(-2.15)	(10.29)	(3.29)

注："*""**""***"分别表示通过10%、5%、1%的显著性检验，"（）"内为t值或者z值。

根据表中的空间效应分解结果，在两种空间权重矩阵设定下，从直接效应的结果来看，科技人才指数对碳排放效率的影响系数分别为0.196、0.163，均在1%显著性水平上显著为正，这说明科技人才提升对本地碳排放效率的提升有显著促进作用。从间接效应的结果来看，科技人才指数对碳排放效率的溢出效应系数分别为0.181和0.127，且均通过了显著性检验。就总效应而言，在1%显著性水平上显著为正。这表明本地科技人才提升不仅会促进本地碳排放效率的提升，还会受到临近（相邻）地区科技人才的正向影响，即科技人才具有显著的正向空间溢出效应。同时，在地理邻接和反距离权重矩阵设定下，科技人才指数的直接效应的占比分别为52%、56%，这表明科技人才对碳排放效率的直接作用效应效果均大于间接效应。总体来讲，科技人才的"集聚效应"高于所带来的"拥挤效应"，可有效促进地区碳排放效率的提升。同时，科技人才可有效节约信息成本，促进要素间的交流，利于知识的溢出，对临近地区有着正向溢出效应。

此外，对控制变量而言，以矩阵设定的空间杜宾模型估计结果为例，在直接效应方面，ln GOV 的直接效应均在1%的显著性水平下显著为正，该指标对本省份碳排放效率的提升都起到明显促进作用，ln ES 的直接效应在1%显著性水平下显著为负，即能源结构对本地碳排放效率提升具有明显抑制效应。就间接效应而言，ln FDI、ln POP、ln GOV 的间接效应显著为正，ln ES 间接效应显著为负，这表明临近地区能源消费结构将对本地碳排放效率的影响存在负向影响，而其他控制变量均存在正向溢出效应。

5.5 研究结论与对策建议

本章利用理论分析和实证检验，深入探讨科技人才对我国碳排放效率的影响及其内在机制。首先，从理论基础出发，分析了科技人才通过促进低碳技术创新、产业结构调整、环境规制的调节效应等途径对碳排放效率产生积极作用，再采用随机前沿生产函数法测度碳排放效率，进行空间特征分析，然后，构建双向固定模型、门槛模型和空间杜宾模型，并通过基准模型回归证实了科技人才可以显著提升碳排放效率，通过中介效应分析揭示了科技人才通过绿色技术创新、高技术产业集聚和城镇化水平等中介变量影响碳排放效率的具体路径，通过非线性效应分析和空间效应分析表明科技人才与碳排放效率之间存在非线性关系且科技人才对临近地区的碳排放效率具有空间溢出效应。

5.5.1 研究结论

本章构建双向固定模型、中介效应模型、门槛效应模型和空间杜宾模型，分析科技人才对碳排放效率的影响与作用机制，得出以下研究结论。

第一，从空间趋势上看，我国省际排放效率均值为 0.32，研究期内我国各省份碳排放效率水平悬殊、地域特征明显，仅有少数省份碳排放效率达生产前沿水平，多数省份仍需进一步优化投入产出比。从时间趋势上看，研究期内各省份碳排放效率整体变动幅度较小，历年碳排放效率核密度图峰值呈 U 形分布特征，进一步提升碳排放效率的空间较大。

第二，我国碳排放权交易市场供给侧结构性改革的科技人才驱动效应显著，驱动效应为 5.9% ~ 9.2%。科技人才能够有效促进碳排放效率的提升。将明清时期进士总人数作为当代科技人才的工具变量进行内生性检验，采用替换核心解释变量、替换被解释变量和增添控制变量等方法进行稳健性检验，进一步验证了碳排放权交易市场供给侧结构性改革的科技人才驱动效应，验证了科技人才可有效提升碳排放效率的结论。

第三，绿色技术创新、高技术产业集聚和城镇化水平为科技人才对碳排放效率影响的主要传导路径。科技人才在促进碳排放效率提升的同时，可通过提高绿色技术创新水平、高技术产业集聚水平和城镇化水平提升本地碳排放效率，推动绿色低碳发展。

第四，科技人才与碳排放效率之间存在非线性关系，存在"临界阈值"，当科技人才指数跨越 0.849 的门槛值后，将发挥更显著的促进效应。非线性检验结果表明，当科技人才指数小于 0.849 时，科技人才对碳排放效率的影响系数为 0.050，当科技人才指数大于 0.849 时，科技人才对碳排放效率的影响系数增大为 0.184。

第五，我国碳排放效率具有正向空间溢出效应，临近省份碳排放效率呈良性互动态势，呈现出良好的"示范效应"和看齐意识。科技人才对碳排放效率的影响存在空间溢出效应，从直接效应来看，科技人才对本省份碳排放效率提升具有显著促进效应，从溢出效应来看，临近省份科技人才的提升将正向影响本地碳排放效率。

5.5.2 对策建议

本小节根据研究结论，分析我国碳排放权交易市场供给侧结构性改革的科技人才驱动，提出相应对策建议。

第一，在空间视域下实施区域联合治理，强化科技人才的全域思维，实施科技人才对碳排放治理的跨区域联动，推动碳排放权交易市场供给侧结构性改革。促进省际科技人才的交流与合作，促进知识溢出与跨学科交融，使知识在人才流动过程中融会贯通，为碳排放效率提升提供动力和智力支持。加大科技人才培养力度、打破科技人才流动壁垒，注重差异性引才策略，发挥人才集聚"规模效应"。加强省际科技人才的交流与合作，靠"人才引进"计划吸引人才流入，建立科技人才共享机制，推动省份间资源共享。通过"筑巢引凤""借巢孵凤"，提高和优化教育、医疗等民生性公共供给质量，为当地碳排放效率的提升注入新活力。

　　第二，深化碳排放权交易市场供给侧结构性改革，加强绿色低碳核心技术研发，优化绿色技术创新环境，构建绿色低碳发展技术支撑体系。应推动政、校、企三方合作，加强绿色创新技术研发与应用，形成绿色技术创新的创新链，为企业绿色技术研发提供多方支持，组织搭建"区域绿色低碳发展研究"高端智库等，并凭借科技人才发展绿色高技术产业，加强区域经济发展与资源环境承载力的适配性，强化高技术产业对科技人才共享的牵引作用。应实现高技术产业的人才需求和科技人才供给的动态监管，以"人产互促"破解"人产失衡"。多吸引和扶持高技术企业促进高技术产业的健康发展，调整产业与能源消费结构，从生产源头推动技术的改良，促进高技术产业集聚驱动我国经济发展与生态环境协同提升，塑造发展新动能新优势，促进绿色低碳循环发展经济体系建设，实现绿色低碳发展。

　　第三，加强碳排放权交易市场供给侧结构性改革，强调"以人为本"，结合自身区位条件，制定差异化绿色低碳新型城镇化发展战略。锚定碳达峰碳中和目标，以提升碳排放效率为导向推动绿色低碳新型城镇化建设，创造宜居城市环境，更好吸纳技术、科技人才等生产要素，完善科技人才建设，促进绿色低碳城镇化发展规划。弱化"唯 GDP 论"理念，将生态评价指标纳入考核机制并实施区域联合治理，凭借生态优势提高新型城镇化水平，实现绿色低碳发展。

第 6 章

我国碳排放权交易市场供给侧结构性
改革的结构网络演化分析

本章根据碳排放权交易理论和市场假说理论解析我国碳排放权交易市场供给侧结构性改革的结构网络演化特征，基于引力模型分析框架构建碳排放权交易市场供给侧结构性改革的引力模型，测度碳排放权交易市场试点的关联度，分析碳排放权交易市场试点关联度演化，构建碳排放权交易市场试点关联网络，综合运用社会网络分析法，从网络密度、网络中心度、核心-边缘结构和凝聚子群等方面探究我国碳排放权交易市场供给侧结构性改革的结构网络演化特征，探索促进碳排放权交易市场供给侧结构性改革的路径。

为了发展和完善碳排放权交易市场，研究人员在碳排放权交易市场政策、碳排放配额和碳交易量等方面展开了大量研究，探索碳排放权交易市场的优化路径。在碳排放权交易市场政策方面，由于地方能源消费结构、经济发展水平、监管力度等方面存在较大差异，碳排放权交易市场政策对不同区域和不同行业碳排放效率的影响存在显著异质性（王科，刘永艳，2020；Tang K，2021；高煜君，田涛，2022）。在碳排放配额方面，在碳排放权交易市场参与者无偿配置碳排放配额过程中，存在发放不规范和价格较低等问题，区域之间存在碳排放配额差异过大的情况。所以，应不断优化碳排放配额总量的核定标准，收紧碳排放配额，充分考虑各区域经济社会发展水平和减排潜力等，合理分配碳排放权交易市场参与者的碳排放配额，再利用竞价等方式将剩余碳排放配额有偿分配给需要的企业（张富利，2020；张楠，2022；方德斌，谢钱姣，2023；丁攀等，2023）。在碳交易量方面，当交易量达到一定水平时，碳排放效率提高。研究表明，碳排放权交易市场成立 3 年内碳交易量快速增长，这显著促进碳排放效率的提高，同时影响碳价和碳排放配额的分配。当碳排放配额在区域间分布不均时，区域碳交易量分布不合理，碳排放权交易市场存在显著的区域间异质性减排作用（王科，刘永艳，2020；Hong F L，2020；高煜君，田涛，2022）。

随着交叉学科的发展，研究人员将复杂网络技术引入碳排放权交易市场，运用社会网络方法，具象化碳排放权交易市场的关联关系，从个体网络、整体网络、空间聚类、省际碳排放的空间关联关系以及碳排放空间关联网络的特征等角度，分析碳排放权交易市场试点关联网络空间关联和结构演化，从全局角度刻画区域间碳排放权交易的空间依赖性（孙亚男等，2016；朱嘉豪等，2023）。研究人员利用社会网络法分析碳收支的时空分布特征和省份间碳排放的影响因素（关伟等，2022；王丽蓉等，2023）。研究人员构建多区域投入产出模型，核算区域间的碳转移量，分析区域间的碳排放，探讨碳排放权交易市场的优化路径（平卫英，曾康，2023）。受限于编制时间过长，利用投入产出模型难以满足研究的时效性，不能反映碳排放权交易市场的新变化和新特征。为此，研究人员利用引力模型分析框架构建改进的引力模型，测度区域碳排放的相关性等指标（刘华军等，2016）。本章构建了碳交易量的引力模型，测度碳排放权交易市场各试点的关联度，分析碳排放权交易市场试点关联度的演化，构建碳排放权交易市场试点关联网络，进行社会网络分析，探讨我国碳排放权交易市场供给侧结构性改革的结构网络演化特征。

6.1　社会网络模型构造与关联分析

深化碳排放权交易市场供给侧结构性改革发挥市场机制作用，提高碳排放效率，促进碳排放权交易市场健康发展，健全绿色低碳发展机制，实现绿色低碳发展。碳交易量是碳排放权交易市场的主要元素，反映碳排放权交易市场的规模和发展阶段，影响碳价和碳排放配额的分配。碳交易量在区域间分布不均，往往代表碳排放配额的区域失衡，产生不同的区域间碳排放权交易市场减排作用（Hongfang Lu et al.，2020；余萍，刘纪显，2020；高煜君，田涛，2022）。目前，从碳交易量角度分析碳排放权交易市场的结构网络特征和演化过程的研究仍然较少。

6.1.1 社会网络模型构造

本小节选取碳交易量作为研究变量，探究我国碳排放权交易市场供给侧结构性改革的结构网络演化特征，以推动我国碳排放权交易市场供给侧结构性改革。碳排放权交易市场试点在我国碳排放权交易市场供给侧结构性改革中发挥着重要作用，碳交易数据完善。全国碳排放权交易市场正式投入运行后，碳排放权交易市场试点仍然保留，具有可对比性。根据数据的可获得性和可比较性，下面选取全国碳排放权交易市场投入运行前后，即 2017 年和 2022 年碳排放权交易市场试点的碳交易量，分析我国碳排放权交易市场供给侧结构性改革的结构网络演化特征，提出加强我国碳排放权交易市场供给侧结构性改革的对策建议。

参考刘华军等（2015）的研究，可将碳排放权交易市场试点 i 和 j 省会城市间（如果试点为市则为两市城区间）直线距离作为 D_{ij}，将两个碳排放权交易市场试点各自的碳交易量占这两个碳排放权交易市场试点总碳交易量的比重作为修正经验常数 K_{ij}，以减少碳排放权交易市场试点间碳交易量规模不均衡的影响，构建碳排放权交易市场供给侧结构性改革的引力模型：

$$Y_{ij} = K_{ij} \times \frac{\sqrt[3]{P_i G_i C_i} \times \sqrt[3]{P_j G_j C_j}}{D_{ij}^2} \qquad (6-1)$$

$$K_{ij} = \frac{C_i}{C_i + C_j} \qquad (6-2)$$

$$M_i = \sum_{j=1}^{n} Y_{ij} \qquad (6-3)$$

其中，Y_{ij} 为碳排放权交易市场试点 i 与碳排放权交易市场试点 j 之间的关联度，Y_{ij} 越大表示碳排放权交易市场试点 i 与碳排放权交易市场试点 j 之间的关联越紧密，C_i 为碳排放权交易市场试点 i 的碳交易量，C_j 为碳排放权交易市场试点 j 的碳交易量，P_i 为碳排放权交易市场试点 i 所在省市的年末人口，P_j 为碳排放权交易市场试点 j 所在省市的年末人口，G_i 为碳排放权交易市场试点 i 所在省市的地区生产总值，G_j 为碳排放权交易市场试点 j 所在省市的地区生产总值，D_{ij} 为碳排放权交易市场试点 i 与 j 所在省的省会城市间的距离（如果试点为市则为两市城区间距离），M_i 为碳排放权交易市场试点 i 的关联度。

　　2017 年和 2022 年碳排放权交易市场试点的碳交易量数据来源于碳排放权交易市场试点的碳交易所公布的数据，年末人口数、年度地区生产总值从《中国统计年鉴》和各省市统计年鉴获取。参考蓝管秀锋等（2021）的研究，运用高德地图软件，可获得省会之间的直线距离。

　　下面经过二值化处理，利用 Ucinet 6 软件，构建 2017 年和 2022 年碳排放权交易市场试点关联网络，并运用社会网络分析方法，解析我国碳排放权交易市场供给侧结构性改革的结构网络演化特征。

6.1.2　关联度分析

　　2017 年和 2022 年各碳排放权交易市场试点的碳交易量分布状况如图 6-1 所示。其中，广东省的碳交易量不包含深圳市的碳交易量，下同。由图可知，2022 年广东省碳排放权交易市场的碳交易量最多，福建省碳排放权交易市场的碳交易量仅次于广东省碳排放权交易市场，但广东省碳排放权交易市场的碳交易量却是福建省碳排放权交易市场碳交易量的近两倍。

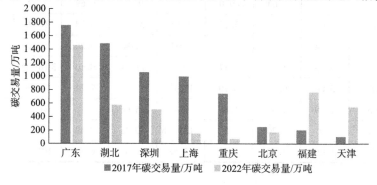

图 6-1　碳排放权交易市场试点的碳交易量

2017 年碳排放权交易市场试点的碳交易量排名前 3 的是广东省、湖北省和深圳市，其碳排放权交易市场交易量占总碳交易量的 65%。2022 年碳排放权交易市场试点的碳交易量排名前 3 的是广东省、湖北省和福建省，其碳排放权交易市场交易量占总碳交易量的 66%。可以看出，碳排放权交易市场试点的碳交易量在区域间分配不均，集中于广东省、湖北省、福建省和深圳市等碳排放权交易市场试点。

　　基于引力模型分析框架，构建碳排放权交易市场供给侧结构性改革的引力模型，测度 2017 年和 2022 年碳排放权交易市场试点间的关联度，见表 6-1、表 6-2 和表 6-3。

表 6-1　2017 年碳排放权交易市场试点间关联度

	北京市	上海市	天津市	深圳市	湖北省	重庆市	广东省	福建省
北京市	—	7.01	62.29	1.64	13.16	3.11	7.36	1.36
上海市	1.78	—	0.65	4.36	34.97	3.09	21.15	5.48
天津市	156.96	5.95	—	1.24	9.9	2.22	5.12	1.17
深圳市	0.40	4.12	0.13		15.90	3.95	2 420.58	3.43
湖北省	2.24	23.41	0.72	11.29	—	14.31	63.96	5.03
重庆市	1.06	4.14	0.33	5.61	28.62	—	31.63	1.34
广东省	1.06	11.99	0.32	1 455.45	54.16	13.40	—	7.84
福建省	1.67	26.49	0.62	17.60	36.30	4.82	66.84	—

表 6-2　2022 年碳排放权交易市场试点间的关联度

	北京市	上海市	天津市	深圳市	湖北省	重庆市	广东省	福建省
北京市	—	2.63	269.07	1.52	9.82	0.69	8.42	4.65
上海市	3.02	—	5.14	4.12	24.19	0.78	21.09	8.07
天津市	86.50	1.43	—	1.03	7.04	0.26	6.87	3.54
深圳市	0.53	1.23	1.11		11.81	0.66	3 161.69	23.49
湖北省	3.00	6.43	6.70	10.47	—	2.21	77.49	36.49
重庆市	1.59	1.57	1.87	4.40	16.68	—	54.40	5.59
广东省	1.01	2.20	2.57	1 099.56	30.41	2.83	—	53.22
福建省	1.06	1.60	2.52	15.58	27.31	0.55	101.48	—

表 6-3　2017 和 2022 年碳排放权交易市场试点的关联度及排名

试点省市	2017 年		2022 年	
	关联度	排名	关联度	排名
广东省	2 616.64	1	3 431.44	1
深圳市	1 497.19	2	1 136.68	2
湖北省	193.01	3	127.26	5
北京市	165.17	4	96.71	6
上海市	83.11	5	17.09	7
天津市	65.06	6	288.98	3
重庆市	44.9	7	7.98	8
福建省	25.65	8	135.05	4

　　由表 6-1 可知，2017 年碳排放权交易市场试点之间的关联度排名前 3 位的是广东省和深圳市（2 420.58）、深圳市和广东省（1 455.45）、北京市和天津市（156.96），排名后 3 位的是天津市和深圳市（0.13）、天津市和广东省（0.32）、天津市和重庆市（0.33）。可以看出，2017 年广东省和深圳市的碳排放权交易市场之间关联比较紧密。

　　由表 6-2 可知，2022 年碳排放权交易市场试点之间的关联度排名前 3 位的是：广东省和深圳市（3 161.69）、深圳市和广东省（1 099.56）、天津市和北京市（269.07），排名后 3 位的是重庆市和天津市（0.26），北京市和深圳市（0.53），重庆市和福建省（0.55）。广东省和深圳市碳排放权交易市场之间的关联度是天津市和北京市碳排放权交易市场之间关联度的 11 倍，深圳市和广东省碳排放权交易市场之间的关联度是天津市和北京市碳排放权交易市场之间关联度的 4 倍。可以看出，2022 年广东省和深圳市的碳排放权交易市场之间关联依然比较紧密。

　　由表 6-3 可知，与 2017 年相比，2022 年广东省碳排放权交易市场的关联度依然最大（3 431.44），深圳市碳排放权交易市场的关联度次之（1 136.68），而重庆市碳排放权交易市场的关联度最小（7.98）。可知，广深地区碳排放权交易市场比较活跃，而重庆市碳排放权交易市场与其他碳排放权交易市场试点之间的关联度较小，不够活跃。碳排放权交易市场试点的关联度存在显著区域差异。

6.1.3　关联网络分析

为便于社会网络分析，本小节选取适合的阈值进行二值化处理。为最大程度保留整体网络特征，参考李晓和刘宝琦（2023）的研究，选取碳排放权交易市场试点间关联度矩阵中所有个体最重要双边关系的最小值作为阈值，关联度大于或等于阈值的表达为1，小于阈值的表达为0。由表6-1和表6-2可知，2017年碳排放权交易市场试点间关联度矩阵的相应阈值为7.84，2022年碳排放权交易市场试点间关联度矩阵的相应阈值为2.83。

运用Gephi软件，可视化二值化处理后的碳排放权交易市场试点间的关联度矩阵，可获得2017年和2022年碳排放权交易市场试点关联网络，如图6-2和图6-3所示。碳排放权交易市场试点关联网络中，节点表示碳排放权交易市场试点。两节点之间存在连边表示碳排放权交易市场试点之间存在关联，没有连边则表示碳排放权交易市场试点之间不存在关联。

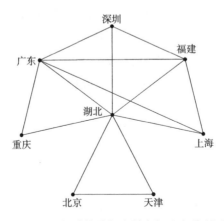

图6-2　2017年碳排放权交易市场试点关联网络

通过对比图6-2和图6-3比较2017年和2022年碳排放权交易市场试点关联网络，可发现，节点之间的连边数从22条增加到33条，碳排放权交易市场试点的关联数量显著增加。与2017年碳排放权交易市场试点关联网络相比，2022年7个碳排放权交易市场试点的关联数量增加。其中，北京市与其他碳排放权交易市场试点之间的连边由2条增加到5条，天津市与其他

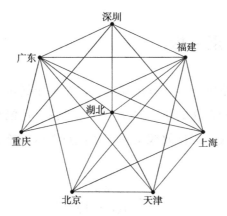

图 6-3　2022 年碳排放权交易市场试点关联网络

碳排放权交易市场试点之间的连边由 2 条增加到 5 条，上海市与其他碳排放权交易市场试点之间的连边由 3 条增加到 6 条，福建省与其他碳排放权交易市场试点之间的连边由 4 条增加到 7 条，深圳市与其他碳排放权交易市场试点之间的连边由 3 条增加到 5 条，广东省与其他碳排放权交易市场试点之间的连边由 5 条增加到 7 条，重庆市与其他碳排放权交易市场试点之间的连边由 2 条增加到 4 条。只有湖北省与其他碳排放权交易市场试点之间的关联数量保持不变。可见，碳排放权交易市场试点与其他碳排放权交易市场试点之间的连边增多，与更多碳排放权交易市场试点发生关联，碳排放权交易市场试点关联网络扩大。

6.2　网络密度与中心度分析

本节分析碳排放权交易市场试点的关联网络密度，探究碳排放权交易市场试点关联网络关联紧密程度的变化，解析碳排放权交易市场关联网络关联程度的演化趋势，分析碳排放权交易市场试点关联网络的网络中心度，剖析碳排放权交易市场试点关联网络的特征，并根据中间中心度的变化剖析碳排放权交易市场试点对整体网络的控制程度，结合接近中心度指标分析碳排放权交易市场试点之间的关联程度。

6.2.1 网络密度分析

本小节根据网络密度，分析在碳排放权交易市场试点关联网络中碳排放权交易市场试点间存在的所有关联数量与理论上可能存在的关联数量的比值。网络密度越大，碳排放权交易市场试点关联网络关联越紧密，具体表现为

$$D = \frac{2m}{n(n-1)} \qquad (6-4)$$

其中，D 为碳排放权交易市场试点关联网络密度值，m 为碳排放权交易市场试点关联网络的实际关联数量，n 为碳排放权交易市场试点关联网络理论上最多的关联数量。

下面测度碳排放权交易市场试点关联网络的网络密度。计算可得，2017年碳排放权交易市场试点关联网络密度为 0.39，2022 年碳排放权交易市场试点关联网络密度为 0.59。与 2017 年碳排放权交易市场试点关联网络相比，2022 年碳排放权交易市场试点关联网络的联系更加紧密。

6.2.2 网络中心度分析

在碳排放权交易市场试点关联网络中，用碳排放权交易市场试点的度数中心度衡量与之存在关联的碳排放权交易市场试点数量。度数中心度大，代表更多的碳排放权交易市场试点与该碳排放权交易市场试点发生关联，具体表现为

$$C_{i度数中心度} = \frac{d_i}{g-1} \qquad (6-5)$$

其中，$C_{i度数中心度}$ 表示碳排放权交易市场试点 i 的度数中心度，d_i 表示碳排放权交易市场试点 i 与其他碳排放权交易市场试点之间的关联数量，g 表示网络中节点即碳排放权交易市场试点的数量。在碳排放权交易市场试点关联网络中，碳排放权交易市场试点的入度中心度表示有多少碳排放权交易市

场试点对其发出关联。当入度中心度越大时，对其发出关联的碳排放权交易市场试点越多。碳排放权交易市场试点的出度中心度表示对多少碳排放权交易市场试点发出关联。当出度中心度越大时，对更多的碳排放权交易市场试点发出了关联。

在碳排放权交易市场试点关联网络中，碳排放权交易市场试点的中间中心度大，代表该试点位于更多碳排放权交易市场试点之间的关联路径上，控制其他碳排放权交易市场试点发生关联的能力越强，处于更重要的地位，具体表现为

$$C_{i中间中心度} = \frac{2\sum\limits_{j<k} g_{jk}(n_i)}{g_{jk} / (g-1)(g-2)} \tag{6-6}$$

其中，$j \neq k$，$C_{i中间中心度}$ 表示碳排放权交易市场试点 i 的中间中心度，$g_{jk}(n_i)$ 表示碳排放权交易市场试点 i 位于其他两个碳排放权交易市场试点之间关联路径上的次数，g_{ij} 表示碳排放权交易市场试点 i 和 j 之间存在的关联数量。

在碳排放权交易市场试点关联网络中，碳排放权交易市场试点的接近中心度衡量与其他碳排放权交易市场试点的关联程度。接近中心度越高，该碳排放权交易市场试点与其他碳排放权交易市场试点关联程度越高，具体表现为

$$C_{i接近中心度} = \frac{n-1}{\sum\limits_{j \neq 1}^{n} d_{ij}} \tag{6-7}$$

其中，$C_{i接近中心度}$ 表示碳排放权交易市场试点 i 的接近中心度，d_{ij} 表示碳排放权交易市场试点 i 和 j 之间发生关联的最短路径。在有向网络中，利用内向接近中心度和外向接近中心度探讨碳排放权交易市场试点之间的关联程度。碳排放权交易市场试点的内向接近中心度表示其他碳排放权交易市场试点对其发出关联的程度，内向接近中心度越大，关联程度越高。碳排放权交易市场试点的外向接近中心度表示对其他碳排放权交易市场试点发出关联的程度，外向接近中心度越大，关联程度越高。

根据式（6-5）、式（6-6）和式（6-7），运用 Ucinet 6 软件测度 2017 年和 2022 年碳排放权交易市场试点关联网络的网络中心度，见表6-4和表6-5。

表6-4 2017年碳排放权交易市场试点关联网络的网络中心度

试点省市	出度中心度	入度中心度	度数中心度	接近中心度		中间中心度
				内向接近中心度/%	外向接近中心度/%	
北京市	2	1	3	14.29	38.89	0
上海市	2	3	5	63.64	23.33	0
天津市	2	1	3	14.29	38.89	0
深圳市	2	3	5	63.84	23.33	0
湖北省	4	7	11	100.00	25.00	11.5
重庆市	2	2	4	58.33	23.33	0
广东省	4	5	9	77.78	25.00	3.50
福建省	4	0	4	12.50	31.82	0

由表6-4可知,在2017年碳排放权交易市场试点关联网络中,湖北省碳排放权交易市场的度数中心度、中间中心度和内向接近中心度最大,这表示相较于其他碳排放权交易市场试点,与湖北省碳排放权交易市场存在关联的碳排放权交易市场试点最多,关联程度最高,处于最多的碳排放权交易市场试点关联路径上,对碳排放权交易市场的控制程度最高。北京市、上海市、天津市、深圳市、重庆市碳排放权交易市场的出度中心度较低,对其他碳排放权交易市场试点发出的关联较少。上海市、深圳市、重庆市碳排放权交易市场的外向接近中心度较低,与其他碳排放权交易市场试点之间的关联程度较低。

表6-5 2022年碳排放权交易市场试点关联网络的网络中心度

试点省市	出度中心度	入度中心度	度数中心度	接近中心度		中间中心度
				内向接近中心度/%	外向接近中心度/%	
北京市	4	3	7	63.67	43.75	0
上海市	6	1	7	53.87	50.00	0
天津市	4	3	7	63.67	43.75	0
深圳市	3	5	8	77.78	41.18	0

续表

试点省市	出度中心度	入度中心度	度数中心度	接近中心度		中间中心度
				内向接近中心度/%	外向接近中心度/%	
湖北省	6	7	13	100.00	50.00	34.92
重庆市	4	0	4	12.50	70.00	0
广东省	3	7	10	100.00	41.18	1.59
福建省	3	7	10	100.00	41.18	1.59

　　由表6-5可知，在2022年碳排放权交易市场试点关联网络中，湖北省、广东省和福建省碳排放权交易市场的内向接近中心度最大，其他试点省市的碳排放权交易市场与湖北省、广东省和福建省碳排放权交易市场之间的关联程度最高。湖北省碳排放权交易市场的度数中心度和中间中心度最高，相较于其他碳排放权交易市场试点，与其存在关联的碳排放权交易市场试点最多，关联程度最高，处于最多的碳排放权交易市场试点的关联路径上，对碳排放权交易市场的控制程度最高，与其在2017年碳排放权交易市场试点关联网络的情况基本相同。重庆市碳排放权交易市场的度数中心度、内向接近中心度和中间中心度较小，相较于其他碳排放权交易市场试点，与其存在关联的碳排放权交易市场试点较少，关联程度较低，对碳排放权交易市场的控制程度较低。此外，重庆市碳排放权交易市场的外向接近中心度最大，与其他碳排放权交易市场试点的关联程度最高，而深圳市、广东省和福建省碳排放权交易市场的出度中心度和外向接近中心度最小，与其他碳排放权交易市场试点发生关联的情况较少，与其他碳排放权交易市场试点发生关联的关联程度较低。

　　下面比较2017年和2022年碳排放权交易市场试点关联网络，分析我国碳排放权交易市场试点关联网络结构演化特征。研究发现，我国碳排放权交易市场试点之间的关联越来越紧密，存在显著的区域差异性。碳排放权交易市场试点关联网络的内部连边增加，碳排放权交易市场试点之间的关联增加，网络密度、度数中心度、接近中心度和中间中心度均有所提高，碳排放权交易市场试点之间的关联越发紧密，推动了碳排放权交易市场供给侧结构性改革。在2017年碳排放权交易市场试点关联网络中，湖北省碳排放权交易市场相较于其他碳排放权交易市场试点，有关联的碳排放权交易市场试点最多，关联程度最高，对碳排放权交易市场的控制程度最高。北京市、上海市、天津市、深圳市、重庆市碳排放权交易市场却较少与碳排放权交易市场试点发生关联。在 2022 年碳排放权交易市场试点关联网络中，湖北省碳排放权交易市场相较于其他碳排放权交易市场试点，有关联的碳排放权交易市场试点最多，关联程度最高，居于最多的碳排放权交易市场试点关联的路径上，对碳排放权交易市场的控制程度最高。与重庆市碳排放权交易市场存在关联的碳排放权交易市场试点较少，关联程度较低，其对碳排放权交易市场的控制程度较低。可以发现，我国碳排放权交易市场试点之间的关联存在显著区域间差异。

6.3 核心-边缘结构与凝聚子群分析

本节运用核心-边缘结构探索碳排放权交易市场供给侧结构性改革结构的核心区和边缘区，根据网络的凝聚子群进行碳排放权交易市场供给侧结构性改革的聚类分析和内外部分析。

6.3.1 核心-边缘结构分析

本小节运用核心-边缘结构，探索碳排放权交易市场供给侧结构性改革结构的核心区和边缘区。先利用 Ucinet 6 软件，将碳排放权交易市场试点关联网络划分为核心区和边缘区，测度不同区域的网络密度，见表6-6。

表6-6 碳排放权交易市场试点关联网络核心区和边缘区的网络密度

网络密度	2017 年		2022 年	
	核心区	边缘区	核心区	边缘区
核心区	0.69	0	0.83	0.13
边缘区	0.57	—	0.50	0.17

由表可知，2017 年碳排放权交易市场试点关联网络核心区网络密度为

0.83，大于整体网密度 0.39，可见，核心区内碳排放权交易市场试点的关联程度更加紧密。边缘区网络密度为 0.17，小于整体网密度和核心区的网络密度，可见，边缘区内碳排放权交易市场试点的关联程度低于整体网络和核心区碳排放权交易市场试点之间的关联程度。2022 年碳排放权交易市场试点关联网络核心区的网络密度为 0.69，大于整体网密度 0.59，可见，核心区内碳排放权交易市场试点的关联程度更加紧密。

研究发现，2017 年北京市、天津市、重庆市和福建省的碳排放权交易市场位于碳排放权交易市场试点关联网络的边缘区，核心区涵盖上海市、深圳市、湖北省和广东省的碳排放权交易市场。2022 年碳排放权交易市场试点关联网络的边缘区只有重庆市的碳排放权交易市场，而核心区涵盖其他 7 个试点省市的碳排放权交易市场。2022 年碳排放权交易市场试点关联网络中，上海市、深圳市、湖北省和广东省的碳排放权交易市场一直处于核心区，重庆市碳排放权交易市场始终位于碳排放权交易市场试点关联网络的边缘区。2022 年核心区增加到 7 个碳排放权交易市场试点，核心区与核心区、边缘区与核心区的联系越发紧密，这说明上海市、深圳市、湖北省和广东省的碳排放权交易市场在碳排放权交易市场供给侧结构性改革中起着重要作用。与 2017 年碳排放权交易市场试点关联网络相比，2022 年碳排放权交易市场试点关联网络核心区和边缘区网络密度都有所提升，试点之间的关联程度显著提升，碳排放权交易市场发展成果显著，促进了碳排放权交易市场供给侧结构性改革。

6.3.2　凝聚子群分析

本小节利用凝聚子群分析，解析子群内部和子群之间的关联程度，探究碳排放权交易市场供给侧结构性改革结构网络特征。

在碳排放权交易市场试点关联网络中，各节点联系紧密，形成凝聚子群。当凝聚子群的碳交易关联密度高于整体网络的网络密度时，子群内部的碳排放权交易市场试点之间存在更紧密的联系。运用 Ucinet 6 软件，聚类分析碳排放权交易市场试点关联网络，设置最大分割深度为 2，获得子群内部和子群之间的关联密度，见表 6-7 和表 6-8。

表6-7 2017年碳排放权交易市场试点关联网络子群间及内部的关联密度

子群划分	子群一	子群二	子群三
子群一	1.00	0	0.33
子群二	0	0	0.67
子群三	0	0.89	0.67

由表可知，在2017年碳排放权交易市场试点关联网络中，子群一内部的关联密度为1，子群三内部的关联密度为0.67，子群三与子群二之间的关联程度为0.67，子群二与子群三之间的关联程度为0.89。

表6-8 2022年碳排放权交易市场试点关联网络子群间及内部的关联密度

子群划分	子群一	子群二	子群三	子群四
子群一	1.00	0	0.67	1.00
子群二	0.50	0	1.00	1.00
子群三	0	0	1.00	1.00
子群四	1.00	0.50	1.00	—

由表可知，在2022年碳排放权交易市场试点关联网络中，子群一内部的关联密度为1，子群三内部的关联密度为1，子群三与子群一之间的关联密度为0.67，子群三与子群二和子群四之间的关联密度均为1。

研究结果表明，2017年碳排放权交易市场试点关联网络划分为3个凝聚子群。其中，北京市和天津市的碳排放权交易市场属于子群一，上海市、深圳市和重庆市的碳排放权交易市场属于子群二，而子群三涵盖湖北省、广东省和福建省的碳排放权交易市场。2022年碳排放权交易市场试点关联网络划分为4个凝聚子群。其中，北京市和天津市的碳排放权交易市场属于子群一，上海市和重庆市的碳排放权交易市场属于子群二，广东省、深圳市和福建省的碳排放权交易市场属于子群三，而子群四涵盖湖北省的碳排放权交易市场。2017年和2022年碳排放权交易市场试点关联网络中，北京市和天津市的碳排放权交易市场处于同一凝聚子群，广东省和福建省的碳排放权交易市场处于同一凝聚子群，上海市和重庆市的碳排放权交易市场处于同一凝聚子群。

在2017年碳排放权交易市场试点关联网络的凝聚子群中，存在4种子群内部和子群间的关联密度大于整体网络密度的情况，占全部情况的 44%。在 2022 年碳排放权交易市场试点关联网络的凝聚子群中，存在 9 种子群内部和子群间的关联密度大于整体网络密度的情况，占全部情况的 56%。可见，碳排放权交易市场试点关联网络的关联程度提升，但各子群内部在空间分布不均衡，整体结构不稳定。

6.4　研究结论与对策建议

本章构建碳排放权交易市场供给侧结构性改革的引力模型，运用社会网络分析法进行碳排放权交易市场供给侧结构性改革的结构网络演化分析。本节总结研究结论，提出有针对性的对策建议。

6.4.1　研究结论

本章分析碳排放权交易市场供给侧结构性改革结构网络演化的内在逻辑，构建碳排放权交易市场供给侧结构性改革的引力模型，测度碳排放权交易市场试点的关联度，剖析碳排放权交易市场试点的关联度演化，构造碳排放权交易市场试点关联网络。本章综合运用社会网络分析法，根据网络密度解析关联程度的演化趋势，利用中间中心度的变化剖析碳排放权交易市场试点对整体网络的控制程度，结合接近中心度指标分析碳排放权交易市场试点之间关联程度，并使用核心-边缘分析探索碳排放权交易市场供给侧结构性改革结构的核心区和边缘区，采用凝聚子群分析进行碳排放权交易市场供给侧结构性改革的聚类分析和内外部分析，解析我国碳排放权交易市场供给侧结构性改革的结构网络演化特征。

第一，碳交易试点之间的碳交易量分布不均，碳排放权交易市场存在显著的区域差异性减排作用。碳交易量集中于广东省、湖北省、福建省和深圳市等碳排放权交易市场试点，而北京市和天津市等碳排放权交易市场试点的碳交易量较少，碳交易量分布存在显著的区域差异性。碳交易量是碳排放权交易市场的主要元素。在碳排放权交易市场成立 3 年内，碳交易量快速增长，这可以显著提高碳排放效率，同时影响碳价和碳排放配额的分配，因此在深化碳排放权交易市场供给侧结构性改革进程中，碳交易量分布不均导致碳排放权交易市场存在显著的区域差异性减排作用。

第二，碳排放权交易市场试点之间的关联更加紧密，关联程度显著提升。碳排放权交易市场试点关联网络的网络密度从 0.39 增加到 0.59，关联数量增多，网络中心度提升。核心区从 4 个碳排放权交易市场试点增加到 7 个碳排放权交易市场试点，核心区的关联密度高于整体网络的网络密度。子群内部和子群间的关联程度大于整体网络密度的情况从 2017 年占比 44% 增长到 2022 年占比 56%。碳排放权交易市场试点之间的关联越发紧密，碳排放权交易市场试点关联网络的关联程度显著提升，碳排放权交易市场建设取得显著进展，促进了我国碳排放权交易市场供给侧结构性改革。

第三，碳排放权交易市场试点之间的关联存在显著的区域差异性。根据关联度分析结果，广东省与深圳市碳排放权交易市场的关联更加紧密，广东省、深圳市碳排放权交易市场试点与其他碳排放权交易市场试点间的关联度存在较大差异。在碳排放权交易市场试点关联网络中，相较于其他碳排放权交易市场试点，与湖北省碳排放权交易市场存在关联的碳排放权交易市场试点最多，关联程度最高。湖北省碳排放权交易市场充当了碳排放权交易市场试点之间发生关联的重要通道，对碳排放权交易市场的控制程度最高。在 2017 年碳排放权交易市场试点关联网络中，与北京市、上海市、天津市、深圳市和重庆市碳排放权交易市场试点存在关联的碳排放权交易市场试点较少。上海市、深圳市和重庆市碳排放权交易市场试点与其他碳排放权交易市场试点之间的关联程度较低。在 2022 年碳排放权交易市场试点关联网络中，与重庆市碳排放权交易市场存在关联的碳排放权交易市场试点较少，关联程度较低。重庆市碳排放权交易市场对碳排放权交易市场的控制程度较低。深圳市、广东省和福建省碳排放权交易市场试点与其他碳排放权交易市场试点发生关联的情况较少。因此，在推动碳排放权交易市场供给侧结构性改革进程中，碳排放权交易市场试点之间的关联存在显著的区域差异性。

6.4.2　对策建议

为推动我国碳排放权交易市场供给侧结构性改革，健全绿色低碳发展机制，实现绿色低碳发展，提出以下对策建议。

第一，加强我国碳排放权交易市场供给侧结构性改革，并充分考虑不同区域和不同行业发展水平、市场规模、低碳技术创新能力、减排潜力、能源消费结构和监管力度等存在较大差异的因素，因地制宜提供碳排放权交易市场平台和法律支持，有效降低碳排放效率，实现绿色低碳发展。

第二，促进我国碳排放权交易市场供给侧结构性改革，重点关注碳排放权交易市场的碳排放配额分配，完善碳排放配额总量管理，有效发挥市场机制作用。在碳排放权交易市场出售剩余的碳排放配额，采用竞价的方式，在有需求的企业间对其有偿分配，实现资源配置效率最优化和效益最大化，健全碳市场交易制度和温室气体自愿减排交易制度，积极稳妥推进碳达峰碳中和。

第三，推动我国碳排放权交易市场供给侧结构性改革，适当增加先进技术和低耗能产业的碳排放配额。利用减税、抵免和补贴等激励政策，吸引更多企业参与碳排放权交易市场，提高碳排放权交易市场的流动性。鼓励低碳技术创新发展，激励企业节能减排，激发内生动力和创新活力，发展绿色低碳产业，健全绿色消费激励机制，促进绿色低碳循环发展经济体系建设。

第 7 章

我国碳排放权交易市场供给侧结构性
改革的风险管理

　　面对履约与抵消风险、价格波动风险、数据核算与信息冲击风险及市场失灵风险，我国碳排放权交易市场供给侧结构性改革的过程呈现复杂性特征，亟待有效实施风险管理。深化碳排放权交易市场供给侧结构性改革可提升风险管理意识，保证碳排放权交易市场的稳定性和可持续性，推动碳排放权交易市场的建设和政策实施，健全绿色低碳发展机制，有效降低碳排放，实现绿色低碳发展。本章解析碳排放权交易市场潜在的风险，分析如何加强风险管理，从而有效探索我国碳排放权交易市场供给侧结构性改革的优化路径。

7.1　碳排放权交易市场的履约与抵消风险管理

　　推动碳排放权交易市场供给侧结构性改革可有效应对碳排放权交易市场的履约与抵消风险，确保碳排放权交易市场有效运作。碳排放权交易市场覆盖范围有限，惩罚机制较少，履约驱动现象频发，存在履约风险。碳排放权交易市场抵消标准尚不统一，企业的减排主动性不足，存在抵消风险。履约与抵消风险影响碳排放权交易市场的公平度和透明度，破坏碳排放权交易市场的稳定性和可持续发展，履约与抵消机制存在较大改善空间。这成为我国碳排放权交易市场供给侧结构性改革的重点方向。

7.1.1　碳排放权交易市场的履约风险管理

推动碳排放权交易市场供给侧结构性改革可有效应对碳排放权交易市场的履约风险，提高碳排放权交易市场的公信力，健全碳排放权交易市场制度，促进绿色低碳循环发展经济体系建设。根据碳排放权交易市场的履约机制，第三方核查机构审核认定控排企业在履约期内生产活动所产生的二氧化碳排放量，控排企业对获得的碳排放配额进行清缴，剩余碳排放配额结转至下一履约期，超排企业在碳排放权交易市场购买碳排放配额或抵消信用，完成碳排放配额履约。按照碳排放权交易市场的履约机制，每个履约期内分配给企业的碳排放配额逐渐缩减，未履约企业纳入碳排放权交易市场信用管理体系，取消企业税收优惠和资金补贴。

面对碳排放权交易市场的履约风险，控排企业利用自身减排、购买碳排放配额和购买抵消信用等方式，抵消自身排放，减少二氧化碳排放。为减少履约风险的影响，在规定的履约期内足额履约，控排企业开发节能减排技术，优化能源产业结构，完成节能改造，降低碳排放量。根据碳排放权交易市场的履约机制，控排企业超额排放时，须在碳排放权交易市场购买碳排放配额，完成履约期结束后的配额清缴，也可以购买非控排企业减排活动产生的碳减排量，增加碳汇，获得抵消信用，抵消自身的超额碳排放量，总体排放结果不变。根据碳排放权交易市场的履约机制，当一个地区集聚多家控排企业时，在控排企业总产能不变的条件下，可以调度控排单位的产能，保证全部或者部分控排单位完成履约。碳排放权交易市场履约流程如图 7-1 所示。

由图 7-1 可知，根据碳排放权交易市场的履约机制，控排企业在注册登记系统完成注册，按照规定提交检测计划，定期提交碳排放报告。第三方审定和核查相关机构核算控排单位上年度碳排放量的结果，生成核查报告。主管部门审定和复查控排企业提交的检测计划、碳排放报告和核查报告，利用预分配和核定分配方式，免费发放碳排放配额。根据实际碳排放量，控排企业在碳排放权交易市场交易碳排放配额和国家核证自愿减排量，完成碳减排目标。主管部门组织监督控排企业在注册登记系统完成履约清缴的情况。

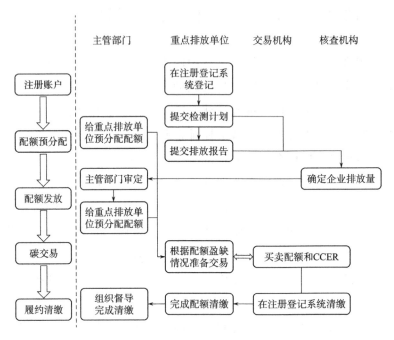

图 7-1　碳排放权交易市场的履约流程

据《全国碳排放权交易市场第一个履约周期报告》显示，在第一个履约期内仅将发电业作为重点控排行业，纳入 2 162 家减排企业，年度二氧化碳排放当量为 45 亿吨。截至 2021 年 12 月 31 日第一个履约期结束，全国碳排放权交易市场的履约率达到了 99.5%，1 833 家控排企业足额履约，178 家控排企业部分完成履约清缴，全国碳排放权交易市场碳排放配额成交量达到 1.79 亿吨，国家核证自愿减排量成交量达到 3 273 万吨，共有 847 家控排企业出现配额缺口，缺口量 1.88 亿吨。从履约情况来看，大部分控排企业可以在规定时间内完成履约清缴。从交易情况来看，碳排放权交易市场的交易成交量与控排企业缺口量相差不大，控排企业主要在碳排放权交易市场进行交易履约。因此，应深化碳排放权交易市场的供给侧结构性改革，面对碳排放权交易市场的履约风险，应加强企业履约的直接监督和管理，有效发挥碳排放权交易市场减排作用，完善绿色低碳发展机制，健全碳排放权交易市场制度，实现绿色低碳发展。

面对履约风险，应不断完善碳排放权交易市场履约机制，有效降低碳排放。碳排放权交易市场覆盖行业范围有限，有待进一步丰富。根据碳排放权交易市场的履约机制，第一个履约期仅将发电行业作为重点控排行业，覆盖行业单一，碳排放权交易市场活跃度不高。第二个履约期可以考虑将材料生产、有色金属冶炼和石油化工等高能耗产业纳入重点控排行业。

面对履约风险，碳排放权交易市场存在履约驱动现象。根据碳排放权交易市场的履约机制，第一个履约期中，2021 年 12 月的交易成交量占整个履约期交易成交量的 76%。控排企业利用碳排放配额和国家核证自愿减排量完成履约，主动减排意愿不高，难以实现绿色低碳发展。

面对履约风险，碳排放权交易市场的违约惩罚机制有待完善。因此，应加强碳排放权交易市场供给侧结构性改革，健全碳排放权交易市场交易制度，将未按期履约、逾期未改正、拒绝履行履约义务或虚报瞒报的违规控排企业拉入"黑名单"，按规定处罚，取消违规企业的各项优惠制度。目前的惩罚力度不能有效威慑配额缺口较大的企业，企业的违约成本小于为完成履约投入的履约成本，因此，导致有的企业放弃履约。面对履约风险，应健全碳排放权交易市场交易制度，制定完善的法规条例，提高减排企业违约成本，防止以罚代缴成为常态，推动碳排放权交易市场供给侧结构性改革。

7.1.2　碳排放权交易市场的抵消风险管理

根据碳排放权交易市场的抵消机制，企业利用减排方法产生额外减排量，增加碳汇，核定的减排量可以投入碳排放权交易市场。超额排放的控排企业在碳排放权交易市场买入减排量，抵消自身的超额排放量。面对碳排放权交易市场的抵消风险，用于抵消的减排量具有额外性特征。当自愿减排企业不采用减排方法时，很难产生减排量，碳排放权交易市场需求不能满足，可能存在供给不足的抵消风险。当自愿减排企业积极采用减排方法时，使用风能和电能等新能源代替化石能源，探索绿色低碳工艺，使碳排放量低于行业基准线，可增加林业碳汇，产生的减排量具有抵消信用，可降低抵消风险。按照碳排放权交易市场的抵消机制，从交易产品来看，可通过核证减排量的交易实现碳排放权交易市场的抵消。从抵消量来看，1吨核证自愿减排量可以抵消1吨碳排放配额。从抵消比例来看，按照规定，抵消比例不得超过应清缴碳排放配额的5%。根据年度碳排放量、年度碳排放配额量和地方实际情况，地方碳排放权交易市场自主确定年度碳抵消比例。地方碳排放权交易市场的年度抵消比例一般为3%~10%，而上海市碳排放权交易市场规定每年核定减排量可以抵消不超过3%的碳排放量。

面对碳排放权交易市场的抵消风险，可采用国际性碳抵消机制、独立性碳抵消机制和区域地方碳抵消机制等有效应对。根据国际性碳抵消机制，清洁发展机制（CDM）、联合履约机制（JI）和国际排放贸易机制（IET）均可抵消碳排放量。发达国家与发展中国家使用清洁发展机制（CDM）建立项目级的合作关系。发达国家给发展中国家提供减排资金和技术支持，而发展中国家开展减排项目，产生核定减排量，从而抵消发达国家的碳排放量。发达国家采用清洁发展机制（CDM）完成碳抵消额的转让与获得，发展中国家实现可持续发展。根据联合履约机制（JI），国家之间可建立项目级的合作关系，减排成本高的国家向减排成本低的国家提供资金和技术支持，减少温室气体排放量，增加温室气体吸收量。资金技术投入方可进行碳抵消，即根据碳抵消额的数量减少转让方的碳排放配额。使用国际排放贸易机制（IET），各国可发展减排项目，产生超额的碳减排量，利用交易方式，将富余的碳减排量出售给存在碳减排量缺口的国家，根据出售的碳减排量减少转让国家的碳排放配额。发达国家与发展中国家可结合清洁发展机制（CDM）开展合作，发展中国家开展减排活动不会减少转让方的碳排放配额，可以创造出新的碳排放配额，而国家之间可利用联合履约机制（JI）和国际排放贸易机制（IET）进行合作，转让方转让碳减排量会减少相应数量的碳排放配额。

面对碳排放权交易市场的抵消风险，依据美国碳注册处（ACR）、美国《清洁空气法案》（CAR）、黄金标准（GS）和自愿碳减排核证（VCS）可构建独立性碳抵消机制。美国碳注册处（ACR）制定的减排方法覆盖减少燃料燃烧产生的二氧化碳、减少工业生产产生的二氧化碳、土地覆被变化和林业碳汇、碳捕捉和存储以及废物利用等方面。可据此交易减排吨量，并利用登记册抵消额度（ROCs），使用交易协议开展场内交易，结合账户关联开展场外交易。美国《清洁空气法案》（CAR）规定清洁空气法案的减排项目类型，涉及森林、草原、乙二酸生产和有机废物利用等 22 个协议。可结合法案交易气候储备吨量（CRTs），并在注册登记系统中进行场内交易和场外交易。黄金标准（GS）参考 39 个方法，覆盖土地覆被、新能源和废弃物利用等领域，可据此交易核实的减排吨量（VERs），并利用签订合同完成场内交易和场外交易。自愿碳减排核证（VCS）涉及森林、草原、建筑和废弃物利用等 49 个项目，可据此交易核实的碳单位量（VCUs），并在 Verra 登记注册系统完成场内交易和场外交易。

面对碳排放权交易市场的抵消风险，我国采用核证自愿减排量方式实施碳抵消。其中，福建省利用林业碳汇抵消机制（FFCER）实施碳抵消，广东省使用碳普惠抵消信用机制（PHCER）实施碳抵消，北京市根据林业碳汇抵消机制（BCER）实施碳抵消。

面对碳排放权交易市场的抵消风险，应优化碳排放配额分配方案，提高控排企业的减排积极性，降低控排企业履约成本。减排成本高的控排企业可以与减排成本低的企业合作，或者直接购买更低成本的核证减排量，实现碳抵消。控排企业可减少减排项目的成本，以更低的成本完成履约。

面对碳排放权交易市场的抵消风险，应加大非控排企业的减排项目投资欲望，强化核证减排量的金融产品属性。加强碳排放权交易市场供给侧结构性改革可吸引更多投资主体参与减排项目投资，丰富碳排放权交易市场的参与主体，促进碳排放权交易市场未覆盖行业的减排活动，健全碳市场交易制度，构建产品碳标识认证制度和产品碳足迹管理体系，激发内生动力和创新活力。

面对碳排放权交易市场的抵消风险，应构建统一可行的碳抵消机制及法律规范，形成统一的碳抵消标准，增加碳抵消信用的权威性。当签发的碳抵消信用价格偏低时，重点控排单位的减排意愿降低，主动减排动力不足，有效减排难以实现。当减排成本较高时，控排企业会依赖于购买碳抵消信用，主动减排的动力不足，难以实现有效减排。碳抵消机制多样，抵消机制的碳抵消标准不统一，市场流动性不足，限制了碳抵消信用的效度。实施碳排放权交易市场供给侧结构性改革应完善减排企业使用碳抵消信用机制，鼓励减排企业使用碳抵消信用。应建立统一的碳抵消标准，增加碳排放权交易市场的流动性，提高碳抵消信用的流通性。

7.2 碳排放权交易市场的价格波动风险管理

碳排放权交易市场的价格大幅波动会影响碳排放权交易市场参与者的交易意愿，扰乱碳排放权交易市场体系。本节解析碳排放权价格波动的供给侧驱动因素，为完善碳排放权价格稳定机制提出对策建议。

7.2.1 碳排放权交易市场的价格波动风险

碳排放的规模和强度发生大幅变动，经济周期发生交替或变化，能源结构快速变化，政策发生较大变化，均会引起碳排放权交易市场的碳排放权价格大幅波动，引起碳排放权交易市场的价格波动风险。

碳排放的规模和强度成为碳排放权交易市场的主要需求因素，直接影响碳排放权价格。当碳排放的规模和强度发生较大变化时，容易引起碳排放权价格的大幅变动，产生碳排放权交易市场的价格波动风险。根据均衡价格理论，假设碳排放权交易市场上有 M 家公司，构建预期排放量函数：

$$\mathrm{AU}_{it}(\Omega_t) = E_{t-1}[\mathrm{AU}_{it}(\Omega_t)] + \omega_i(\Omega_t - E_{t-1}[\Omega_t]) + \varepsilon_{it} \qquad (7-1)$$

$$\omega_i = \frac{\mathrm{Cov}(\mathrm{AU}_{it}, \Omega_t)}{\mathrm{Var}(\Omega_t)} \qquad (7-2)$$

$$E[\Omega_t \varepsilon_{it}] = E[\varepsilon_{it}\varepsilon_{jt}] = 0 \quad i \neq j \qquad (7-3)$$

其中 $i=1,\cdots,M$，$t=1,\cdots,T$，AU 为固定的公司碳排放量，Ω_t 为碳排放权价格波动的驱动因素，$\mathrm{AU}_{it}(\Omega_t)$ 为预期排放量。公司 i 预期排放量 $\mathrm{AU}_{it}(\Omega_t)$ 与实际排放量 Actual_{it} 之间的差异表示为每家公司的减排量 Abate_{it}。

$$\mathrm{Abate}_{it} = \mathrm{AU}_{it}(\Omega_t) - \mathrm{Actual}_{it} \qquad (7-4)$$

为降低减排成本，控排企业探索出成本效益最高的减排路径，使控排企业之间的边际减排成本达到平衡，MAC(·)表示市场在时间 t 的边际减排成本，Abate_{it}^* 表示公司 i 在时间 t 的最佳减排量，Ψ_t 为能源价格，能源价格影响控排企业边际减排成本。根据每个时期的碳排放权均衡价格等于有效市场中最低成本减排方案的边际成本，获得碳排放权均衡价格 p_t^*：

$$p_t^* = \text{MAC}\Big[\sum_{i=1}^{N} \text{Abate}_{it}^*, \Psi_t, \sum_{i=1}^{N} \text{AU}_{it}(\Omega_t)\Big] \qquad (7-5)$$

当碳排放权交易市场结算时，总配额供应量 Supply_t 受碳排放上限的总和 $\overline{Q}$、信息披露和政策法规 γ_t 的影响，企业层面的总减排量等于固定的公司碳排放量与总碳排放配额供应量的差额：

$$\sum_{i=1}^{N} \text{Abate}_{it}^* = \sum_{i=1}^{N} \text{AU}_{it}(\Omega_t) - \text{Supply}_t(\overline{Q}, \gamma_t) \qquad (7-6)$$

碳排放权均衡价格 p_t^* 表示为

$$p_t^* = \text{MAC}_t\Big[\sum_{i=1}^{N} \text{AU}_{it}(\Omega_t) - \text{Supply}_t(\overline{Q}, \gamma_t), \Psi_t, \sum_{i=1}^{N} \text{AU}_{it}(\Omega_t)\Big]$$
$$(7-7)$$

简化为

$$p_t^* = f_t(\overline{Q}, \gamma_t, \Psi_t, \Omega_t) \qquad (7-8)$$

从碳排放权价格波动供给侧驱动视角来看，经济周期、能源结构和政策变化会引起碳排放权价格大幅波动。从经济周期看，当经济繁荣时，企业扩大生产，碳排放量增加，而供给的碳排放配额不足，碳排放权价格上升，当经济衰退时，企业减少生产，碳排放量减少，供给的碳排放配额过剩，碳排放权价格下降。从能源结构看，积极使用风能、太阳能和核能等清洁能源，推动煤能源结构从煤炭、石油和天然气等化石能源为代表的传统能源逐渐向绿色低碳能源转变。因此，应鼓励和扶持清洁能源，促进能源结构转型，减少使用高碳能源，降低碳排放权价格。从政策变化看，碳排放权交易市场机制和监管政策的变化会引起碳排放权价格波动。目前，碳排放权交易市场体系尚不完善，在信息披露、市场监管、政策制定和配额分配等方面仍存在不足，导致碳排放权价格信息滞后甚至失真。这容易引起碳排放权价格大幅波动，带来碳排放权交易市场的价格波动风险。

在碳排放权交易市场中，当碳排放配额的供给发生较大变化时，碳排放权价格大幅波动，产生碳排放权交易市场的价格波动风险。面对碳排放权交易市场的价格波动风险，企业难以制订长期的碳排放成本规划，不能有效引导资金流向低碳技术和清洁能源领域，影响碳排放权交易市场的有效运行。

7.2.2　碳排放权交易市场的价格稳定机制

面对碳排放权交易市场的价格波动风险，应深化碳排放权交易市场供给侧结构性改革，采用价格波动限制和配额供给调节等碳排放权价格稳定机制，稳定碳排放权价格，有效解决碳排放权价格大幅波动的问题。应根据价格波动限制，利用额外税收和最低价格拍卖等措施，限制碳排放权价格的上限或下限，防止碳排放权价格短时间内过度波动，缓解企业的减排压力，降低企业减排成本，利用配额供给调节，建立碳央行，自动调整配额数量，贮备维持碳排放权交易市场稳定的碳排放配额，投放和回购碳排放配额，实现碳排放权交易市场供需平衡，减小碳排放权价格的波动幅度。

面对碳排放权交易市场的价格波动风险，应推动碳排放权交易市场供给侧结构性改革，制定合理的碳排放权价格政策，总结碳排放权交易市场试点的发展经验和差异，根据各地能源消费、碳排放量、经济发展水平和监管程度等方面的差异，探索差异产生的原因，完善碳排放权价格稳定机制，减少政策变化导致碳排放权价格大幅波动的情况，并连接全国市场与地方市场，稳定碳排放权价格。

面对碳排放权交易市场的价格波动风险，应加强碳排放权交易市场供给侧结构性改革，鼓励企业和个人投资者参与碳排放权交易市场，提高碳排放权交易市场活跃度，并吸纳更多企业和个人投资者，增加行业覆盖率，提高交易量和交易效率，提升碳排放权交易市场和碳排放权价格的稳定性，增强抵抗经济周期变化的能力，降低宏观经济风险的冲击。

面对碳排放权交易市场的价格波动风险，应促进碳排放权交易市场供给侧结构性改革，完善信息披露监管制度，提高市场透明度，并进一步划分监管范围，提高监管效率和市场透明度，提升碳排放配额分配的科学性和合理性，增加碳排放权价格的稳定性。

7.3　碳排放权交易市场的数据核算与信息冲击风险管理

目前，碳排放权交易市场尚不完善，涉及的数据量庞大，数据来源复杂，缺乏统一的核算标准，碳排放核算存在数据造假问题，有时出现数据错误或不一致的情况。因此，碳排放权交易市场存在数据核算风险。当受到负面信息冲击时，碳排放权交易市场的正常交易会受到严重影响，碳排放权交易市场存在信息冲击风险。

7.3.1　碳排放权交易市场的数据核算风险管理

碳排放权交易市场实时监测温室气体排放的成本过高，没有形成统一的碳排放量核算标准，因此，碳排放权交易市场存在数据核算风险。在此背景下，学界通常利用统计核算方法核算碳排放数据，并广泛使用排放因子法进行核算。利用排放因子法，使用化石燃料等各种能耗的统计量与排放因子（Emission Factor）的乘积进行核算，可以表示为

$$E = A \times EF \times (1 - ER/100) \qquad (7-9)$$

其中，E 为化石燃料燃烧产生的温室气体排放量，A 为化石燃料的能耗量和投入数量，EF 为排放因子，即排放的温室气体数量，ER 为消减率。能耗量统计的精度以及排放因子选取的代表性和准确性影响核算碳排放数据的准确度，但不同的企业使用不同种类的化石燃料，在碳排放量上存在巨大差异，而排放因子使用自测值或默认值，容易产生误差，难以精确核算碳排放数据。

碳排放权交易市场的数据核算缺乏统一标准和监管，可能存在碳排放核算的数据造假问题。面对碳排放权交易市场的数据核算风险，地方的数据核查能力不足，可能捏造碳排放统计数据，从而通过碳排放考核。企业可能修改碳核算数据，降低碳排放量，减少配额缺口，减少支出，牟取利益。第三方核查机构可能为节约数据核算的经济成本，与被核查企业共谋，

173

为企业节省碳排放违约开支。碳排放权交易市场管理制度不严格，市场参与者追求利益最大化，容易使碳排放权交易市场参与者的数据造假，导致碳排放权交易市场失去公平性，难以实现绿色低碳发展。由于碳排放权交易市场的复杂性和参与主体的多样性，碳排放权交易市场数据核算存在不确定性和难以核实的情况。

面对碳排放权交易市场的数据核算风险，应深化碳排放权交易市场供给侧结构性改革，建立科学、完善的数据核算机制，提高数据的真实性和准确性。根据党的二十届三中全会通过的《中共中央关于进一步全面深化改革 推进中国式现代化的决定》，构建碳排放统计核算体系、产品碳标识认证制度、产品碳足迹管理体系可提高碳排放权交易市场透明度，从能耗双控向碳排放双控全面转型，降低碳排放权交易市场数据核算风险，保证碳排放权交易市场正常运行。

面对碳排放权交易市场的数据核算风险，应加强碳排放权交易市场供给侧结构性改革，有效监管碳排放权交易市场参与主体，提高数据管理水平，防范碳排放权交易市场数据核算风险，并建立完善的数据审核机制，核实和验证碳排放权交易市场参与主体提供的数据，提高数据的真实性和可靠性。

面对碳排放权交易市场的数据核算风险，应实施碳排放权交易市场供给侧结构性改革，提高监督能力，及时发现和处置市场数据核算风险和相关问题，并加强与碳排放权交易市场参与主体的沟通和合作，共同应对市场数据核算风险，保证碳排放权交易市场稳定运行，实现绿色低碳发展。

7.3.2 碳排放权交易市场的信息冲击风险管理

在碳排放权交易市场中，减排企业被动接收信息，容易受到外在信息的影响。当受到负面信息打击时，企业行为具有不确定性，影响碳排放权交易市场的正常运行，存在碳排放权交易市场的信息冲击风险。

目前，碳排放权交易市场尚不成熟，减排企业辨别信息的能力较弱，面临信息冲击风险。假设减排企业持续在不同的市场参与状态之间切换，市场参与状态涵盖轻信状态（S 型）、接收信息但不辨别的感染状态（I

型）、交易的传染状态（C 型）和信息免疫状态（M 型）。假设一家减排企业最初收到了负面的碳排放权交易市场信息，负面信息传递至市场上的轻信企业，状态为 S，再以 α 的概率转变为感染状态 I。从受感染的减排企业视角来看，如果信任该信息，将以 X_1 的概率转变为传染状态 C，如果不信任该信息，将以 X_2 的概率过渡到免疫状态 M。从传染性企业视角来看，如果选择不断将信息传递给外界，可以达到传递信息的目的，如果不参与交易本身，不向外界传递信息，将以 X_3 的概率过渡到免疫状态 M。负面市场信息进入碳排放权交易市场导致贸易企业涌入或退出碳排放权交易市场，加剧市场的不稳定性，导致碳排放权交易市场交易规则失效。负面信息冲击在碳排放权交易市场的传播过程如图 7-2 所示。

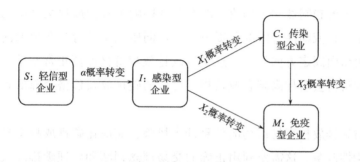

图 7-2　负面信息冲击在碳排放权交易市场的传播过程

促进碳排放权交易市场供给侧结构性改革，应有效应对碳排放权交易市场的信息冲击风险。新信息的冲击引起碳排放权交易市场变化，影响了其他减排企业的决策，也影响了减排企业的策略。假设新信息在正态分布后的每个交易日出现，即 $N(0,\sigma_{\text{news}}^2)$，减排公司的投资决策信号由对新闻的敏感度、周围减排企业的影响及对变化新消息偏好的理解组成，生成 3 个决策信号，表示为 R_1、R_2、R_3。

$$R_1 = S(t)Q(t) \tag{7-10}$$
$$R_2 = C(t)n(t) \tag{7-11}$$
$$R_3 \sim N(0,\sigma^2) \tag{7-12}$$
$$\sigma^2 = \sigma_{\text{news}}^2 + \varepsilon \tag{7-13}$$

其中，$S(t)$ 表示减排企业在时间 t 接收新消息的敏感度，在[0,1]随机变化，$Q(t)$ 表示每个交易日的新消息与买卖决策信号之间的转换关系，如果减排企业认为当前消息乐观，则买入碳排放配额，如果认为当前消息悲观，则卖出碳排放配额。$C(t)$为传染系数，表示减排企业被碳排放权交易市场中其他减排企业的信息感染程度。如果信息可以从一个减排企业流向另一个减排企业，这两个减排企业为邻居，单个减排企业的邻居数为$n(t)$。不同减排企业对新消息的理解存在差异，因此加入随机值ε。

如果减排企业在时间t认为新消息释放出符合最终碳排放权交易市场趋势的乐观信号，交易的积极性增加，传染系数$C(t)$上升，影响邻居减排企业决策，交易量上升。如果减排企业在时间t认为新消息释放出不符合最终碳排放权交易市场趋势的悲观信号，交易的积极性降低，传染系数$C(t)$下降，周围减排企业的交易欲望降低，交易量下降。碳排放权交易市场中企业交易行为的趋同性和市场流动的有限性影响了碳排放权交易市场运行的长期稳定，在流动性有限的前提下，大量同质化交易行为在短期内推动碳排放权价格向固定方向发展。这导致碳排放权价格偏离正常水平，过高的碳排放权价格会增加高碳企业负担，过低的碳排放权价格会降低企业减排积极性。

面对碳排放权交易市场的信息冲击风险，应深化碳排放权交易市场供给侧结构性改革。这需要利用正确的交易理念判断和处理碳排放权交易市场信息，提高信息冲击应对能力，避免交易操作固化，预防盲目跟风，降低信息冲击风险。同时，须完善信息监督机制以有效监管碳排放权交易市场信息，防止不良企业利用信息冲击引起市场大幅波动，避免企业频繁进出碳排放权交易市场。

7.4 碳排放权交易市场的市场失灵风险与行政干预

碳排放权交易市场的市场失灵会影响碳排放权交易市场的有效运行。本节解析碳排放权交易市场的负外部性，分析碳排放权交易市场的公共物品缺失和信息不对称等问题。面对碳排放权交易市场的市场失灵，本节提出行政干预措施以改善碳排放权交易市场的运行机制，推动碳排放权交易市场健康发展，有效降低碳排放，实现碳减排目标。

7.4.1　碳排放权交易市场的市场失灵风险

在碳排放权交易市场中，碳排放权交易市场存在外部性、公共物品缺失及信息不对称等问题，资源无法达到最优配置状态。这导致碳排放权交易市场的市场失灵。当碳排放权交易市场处于市场失灵状态时，会限制企业内生动力和创新活力，不能有效降低碳排放，无法实现资源配置效率最优化和效益最大化。碳排放权交易市场的负外部效应如图 7-3 所示。

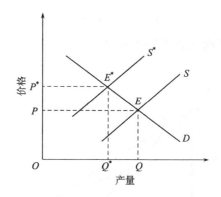

图 7-3　碳排放权交易市场的负外部效应

D 线为以社会边际收益 MSB 为基础的需求曲线，S 线为以私人边际成本 MPC 为基础的供给曲线，S^* 线为以社会边际成本 MSC 为基础的供给曲线。由均衡价格理论可得

$$MSB = MSC \qquad (7-14)$$

E^* 点所决定的均衡价格 P^* 和产量 Q^* 符合资源配置的效率要求，但私人企业为了追求利润最大化，会继续增加产量到 Q，此时

$$MPC < MSC \qquad (7-15)$$

私人企业排放温室气体增多会污染生态环境，增加社会的减排负担，而私人企业没有为社会损失支付外部成本，私人企业未支付的外部边际成本 MEC 构成社会边际成本。

$$MSC = MPC + MEC \qquad (7-16)$$

企业不需要为排放二氧化碳造成的负面影响付出代价导致碳排放权价格过低，不能真实反映碳排放的社会成本。过低的碳排放权价格无法有效激励企业减少排放量，引起资源配置失衡，造成资源浪费，降低社会效益，导致碳排放权交易市场失灵。

在碳排放权交易市场中，公共产品的供给不足会导致碳排放权交易市场失灵。对于碳排放权交易市场来说，碳减排量具有非竞争性和非排他性特征，具有公共产品性质。假设控排企业只消费私人产品 C_1 和公共产品 C_2，私人产品价格为 P_1，碳税价格为 P_2，收入 Y 的预算约束线如式（7-17）所示：

$$Y = P_1 C_1 + P_2 C_2 \qquad (7-17)$$

碳减排量的需求曲线如图 7-4 所示。

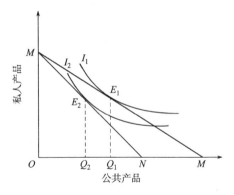

图 7-4　碳减排量的需求曲线

当碳减排量的成本价格 P_2 下降时，无差异曲线会向右上方移动，碳排放权交易市场对碳减排量的需求变大。E_1 和 E_2 为最优资源配置。

碳减排的效率供给曲线如图 7-5 所示。其中，S 为碳减排量的供给曲线，碳减排量的总需求 $D_{总}$ 为甲乙两个控排企业的需求垂直加总。

$$D_{总} = D_{甲} + D_{乙} \qquad (7-18)$$

根据均衡价格理论，P^* 和 Q^* 为碳排放权交易市场的最优资源配置，但碳减排量的供给小于市场需求。碳减排量具有非排他性，部分控排企业存在"搭便车"行为，隐瞒自身的碳减排量需求，利用其他企业的减排成果，造成碳减排量的供给不足，公共产品供给不足，影响碳排放权交易市场减

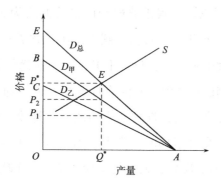

图 7-5　碳减排量的效率供给曲线

排效率、公平性和发展，无法实现减排效果，导致碳排放权交易市场失灵，不利于碳排放权交易市场供给侧结构性改革。

在碳排放权交易市场中，信息不对称会导致市场失灵。当碳排放权交易市场出现信息不对称情况时，相较于完全信息市场，需求曲线和供给曲线会有所不同。控排企业在购买碳排放配额时，要综合考虑碳排放权价格和质量，形成新的指标即价值 M：

$$M = Q/P \qquad\qquad (7-19)$$

如图 7-6 所示，价值 M 和市场需求 D 存在变化规律：

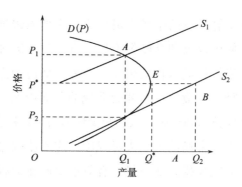

图 7-6　信息不对称导致的市场失灵

（1）当 $P<P^*$ 时，M 随着 P 的上升而上升，D 随着 P 的上升而上升。

（2）当 $P>P^*$ 时，M 随着 P 的上升而下降，D 随着 P 的上升而下降。

（3）当 $P=P^*$ 时，M 达到峰值，D 达到最高。

根据均衡价格理论，当碳排放配额的供给曲线为 S_1 时，均衡价格为 P_1，均衡产量为 Q_1。如果提高价格，碳供给小于碳需求，价格下降。如果降低价格，碳供给大于碳需求，价格上升，因此最优价格为 P_1，此时不存在市场失灵情况。当碳排放配额的供给曲线为 S_2 时，均衡价格为 P_2，不同于最优价格。如果提高价格，根据需求曲线，碳排放配额增加，碳需求高于碳供给，碳排放权交易市场的生产者和消费者会获得利益，但价格超过 P^* 后，碳排放配额不增反减，最优价格应为 P^*。当碳排放权市场价格为 P^* 时，如果碳排放权交易市场供给的碳排放配额低于需要的碳排放配额，使资源配置低效率，导致碳排放权交易市场失灵，降低碳减排效率，不利于碳排放权交易市场供给侧结构性改革。

7.4.2　碳排放权交易市场的行政干预

面对碳排放权交易市场的市场失灵风险，应深化碳排放权交易市场供给侧结构性改革，利用征税和补贴等方法，征收私人企业未支付的外部边际成本，使外部效应内部化，提高碳减排效率，促进碳排放权交易市场可持续发展。

面对碳排放权交易市场的市场失灵风险，应加强碳排放权交易市场供给侧结构性改革，使用税收和补贴等方法，有效改善碳排放权交易市场失灵，提高碳减排效率，促进绿色低碳发展。采用征税的方法可提高控排企业的碳排放成本，降低环境污染对社会造成的负面影响。利用补贴的方法可鼓励企业加大环保技术和设施投入，减少环境污染对社会的负面影响。

面对碳排放权交易市场的市场失灵风险，应实施碳排放权交易市场供给侧结构性改革，激励控排企业减排，有效解决碳排放权交易市场的碳减排量供应不足问题。根据减排目标和企业的排放情况，应设定相应的碳减排量，向碳排放权交易市场提供碳排放配额，使碳排放权交易市场有足够的碳减排量供应，保障市场正常运转，并应实施减排奖励政策，对减排企业的生产设备和技术进行补贴或减税，降低企业减排成本，增强减排积极性，鼓励企业积极创造碳减排量，满足碳排放权交易市场的碳减排量需求。

对于碳排放高的企业，应实施惩罚性税费政策，促使企业主动减排，并减少企业"搭便车"行为，鼓励企业主动减排，增加碳减排供应量，缓解碳减排量供应不足的问题，推动绿色低碳发展。

面对碳排放权交易市场的市场失灵风险，应推动碳排放权交易市场供给侧结构性改革，加强监管和披露控排企业的排放数据，建立完善的监管制度和信息披露机制，健全碳排放配额的价格干预机制，解决碳排放权交易市场信息不对称问题。采用信息披露机制可使控排企业真实地披露碳排放信息，使监管机构合理配置碳排放配额总量，有助于公平分配碳排放配额。应完善碳排放配额的价格干预机制，充分考虑碳排放权交易市场供需关系，调研和分析碳排放配额市场的供求情况，进行价格干预。应采取适当的价格干预手段和干预程度，并考虑市场参与者的反馈和预期，避免干预措施造成不利影响。在实施价格干预时，应制定长期稳定的政策框架和规则，避免频繁调整和干预造成碳排放权交易市场的不确定性和波动。

7.5　碳排放权交易市场的风险管理路径建设

加强碳排放权交易市场供给侧结构性改革，应有效开展碳排放权交易市场的风险管理，健全绿色低碳发展机制，实现绿色低碳发展。碳排放权交易市场供给侧结构性改革应兼顾利益合理分配碳排放配额，兼顾民生合理分配碳排放权交易市场收入，兼顾供需合理调控碳排放权价格，推动碳排放权交易市场健康发展，提高碳排放效率，实现资源配置效率最优化和效益最大化。

7.5.1　兼顾利益，合理分配碳排放配额

碳排放权交易市场供给侧结构性改革应兼顾利益合理分配碳排放配额，明确分配碳排放配额应考虑的因素，有效发挥碳排放权交易市场减排作用，设立碳排放配额，增加碳减排项目，发展清洁能源，减少碳排放，实现碳减排目标。碳排放是全球性问题，各个国家和地区共享减排项目效果。当

分配碳排放配额时，应考虑不同国家和地区之间的碳排放差异以及实施碳减排项目对气候变化的影响，推动碳排放权交易市场健康发展，并综合考虑经济发展水平和碳排放水平合理分配碳排放配额，分析地区的公平性和可持续性，有效提高碳排放效率，实现绿色低碳发展。

实施碳排放权交易市场供给侧结构性改革应兼顾利益合理分配碳排放配额，综合评价碳排放量、经济发展水平和减排项目效果。应按照地区的碳排放量确定应承担的减排责任，合理分配碳排放配额，激励高排放地区加大减排力度，实现碳减排目标，按照地区的经济发展水平确定应该承担的减排责任，合理分配碳排放配额，兼顾地区公平性，避免碳排放量差异导致碳排放配额分配不公平，并按照减排项目效果，根据地区实施的减排项目影响气候变化的程度，合理分配碳排放配额，激励各地区积极开展碳减排项目。

实施碳排放权交易市场供给侧结构性改革应兼顾利益，综合考虑碳排放差异、减排项目效果和经济发展水平，合理分配碳排放配额，保证碳排放配额分配的科学性和公平性，提升碳减排效率，推动绿色低碳发展，实现碳减排目标，积极应对气候变化。

7.5.2　兼顾民生，合理分配碳排放权交易市场收入

实施碳排放权交易市场供给侧结构性改革应兼顾民生合理分配碳排放权交易市场收入，有效提高碳减排效果，促进碳排放权交易市场绿色健康发展。在碳排放权交易市场中，企业购买碳排放配额支付的费用和碳排放的税收形成了碳排放权交易市场的收入。碳排放权交易市场收入与企业和个人的生产生活紧密相关，碳排放权交易市场收入的分配可以影响民生。实施碳排放权交易市场供给侧结构性改革应合理分配碳排放权交易市场收入。这涉及行政部门、企业和个人等主体。行政部门应积极落实监管和管理责任，合理支配碳排放权交易市场收入，企业应管理自身碳排放，承担相应的减排责任，购买碳排放配额，实现碳减排。个人是企业的消费者和生产者，应承担相应的减排责任，积极主动降低碳排放。

深化碳排放权交易市场供给侧结构性改革应兼顾民生合理分配碳排放

权交易市场收入，激发内生动力和创新活力，有效发挥碳排放权交易市场减排作用，实现减排目标，推动经济可持续发展，并制定系统完善的政策法规，提高碳排放权交易市场收入分配的公平性和透明性。使用碳排放权交易市场收入发展清洁能源和环保产业可创造更多就业机会，促进经济增长，加快完善落实"绿水青山就是金山银山"理念的体制机制。碳交易收入可改善环境和民生，保障人民生活的基本权利。企业应履行社会责任，积极参与碳排放权交易市场，利用技术创新和管理创新，降低生产成本，提高竞争力，实现绿色低碳发展。个人应提高环保意识，节约能源，减少碳排放。

加强碳排放权交易市场供给侧结构性改革应兼顾民生合理分配碳排放权交易市场收入，积极落实社会责任，并利用碳排放权交易市场的收入，完善适应气候变化工作体系，建立能耗双控向碳排放双控全面转型机制。企业和个人应共同努力推动碳排放权交易市场健康发展，有效提高碳排放效率，实现绿色低碳发展。

7.5.3　兼顾供需，合理调控碳排放权价格

深化碳排放权交易市场供给侧结构性改革应兼顾供需合理调控碳排放权价格，实施碳排放权交易制度，并发挥市场机制作用，分配和交易碳排放配额，合理配置碳排放权，引导企业和个人减少碳排放，有效减少碳排放，实现低碳发展。

加强碳排放权交易市场供给侧结构性改革应兼顾供需合理调控碳排放权价格，实现资源配置效率最优化和效益最大化，并构建碳排放统计核算体系、产品碳标识认证制度、产品碳足迹管理体系，健全碳市场交易制度和温室气体自愿减排交易制度，建立健全政策法规和监管机制，构建完善的碳排放权交易市场体系、碳核查和监测体系，保证碳排放数据的真实。实施改革过程中，应综合考虑碳排放的社会成本和碳排放权交易市场供需关系，确定合理的碳排放权价格。当碳排放权价格较高时，碳排放的能力较强，但碳排放权价格过高会在一定程度上阻碍经济发展。因此，应平衡碳排放权价格和经济发展，根据供需关系充分考虑各方利益制定碳排放权

价格，充分考虑不同行业和地区的差异性，结合地区的碳排放情况，根据行业和地区特点确定不同的碳排放权价格，实现区域间的碳排放均衡。

碳排放权交易市场供给侧结构性改革应兼顾供需合理调控碳排放权价格，发挥市场机制作用，优化资源配置，促进碳排放权交易市场绿色发展，推动可持续发展，并深化合作，共同推动碳排放权价格调控政策的实施，健全绿色低碳发展机制，实现绿色低碳发展。

第8章

研究结论与对策建议

为深化碳排放权交易市场供给侧结构性改革，我国建立了以市场为导向的碳排放权交易市场，有效提高了碳排放效率，实现了绿色低碳发展。本书开展碳排放权交易市场供给侧结构性改革的理论分析，评价我国碳排放权交易市场供给侧结构性改革的政策演进与政策效果，解析碳排放权交易市场供给侧结构性改革的科技人才驱动效应，探究碳排放权交易市场供给侧结构性改革的结构网络演化以及如何开展碳排放权交易市场供给侧结构性改革的风险管理，探索碳排放权交易市场供给侧结构性改革的优化路径。研究内容具体如下。

第一，根据理论模型分析，满足一定条件时，可以实现帕累托最优。本书根据公共物品理论认为，碳排放权交易市场产品的边际替代率与边际转换率相等，产品生产和交换均达到最优条件，可实现帕累托最优。本书根据外部性理论认为，当碳排放权交易市场主体对碳排放权消费的边际效用为0时，总效用达到最大。本书根据产权理论认为，碳排放主体追求自身利益与效用的最大化，实际碳排放量高于帕累托最优水平，损失社会总福利。本书根据市场失灵理论认为，碳排放权交易市场存在3种状态：①弱式有效；②长记忆性且正相关；③不存在长记忆性且负相关。本书根据碳排放权交易理论认为，当碳排放权的市场需求量与供给量相等时，达到碳排放权均衡价格。本书根据成本效益理论认为，碳排放权交易市场主体应选择成本最小化的方式，追求经济效益最大化。本书根据碳交易机制设计理论认为，应设计有效的碳交易分配机制，减少企业利益损失，实现资源有效配置。本书根据绿色溢价理论认为，不同行业的绿色溢价存在差异，同时，估算了各行业绿色溢价，分析行业的应用效用。

第二，碳排放权交易市场供给侧结构性改革显著提高碳排放效率，约提高了 7%~9%，与命令型环境规制形成协同效应。经过平行趋势检验、安慰剂检验和固定效应控制等一系列稳健性检验后，结论仍然成立。碳排放权交易市场供给侧结构性改革存在要素市场的中介机制，所以，实施碳排放权交易市场供给侧结构性改革推动了要素市场发育，提高了碳排放效率。碳排放权交易市场供给侧结构性改革政策效果存在调节效应，碳排放权交易市场供给侧结构性改革的人才要素驱动效应和技术要素驱动效应较为突出。这显著提升了碳排放效率。

第三，碳排放权交易市场供给侧结构性改革的科技人才驱动效应显著，驱动效应为 5.9%~9.2%。本书将明清时期进士总人数作为当代科技人才的工具变量进行内生性检验，采用替换核心解释变量、替换被解释变量和增添控制变量方法进行稳健性检验，进一步验证了碳排放权交易市场供给侧结构性改革的科技人才驱动效应。绿色技术创新、高技术产业集聚和城镇化水平发挥中介效应。碳排放权交易市场供给侧结构性改革的科技人才驱动效应具有非线性特征，存在"临界阈值"，当科技人才指数跨越 0.849 的门槛值时，发挥了更高的驱动效应。碳排放权交易市场供给侧结构性改革的科技人才驱动效应具有正向空间溢出效应，临近省域呈良性互动态势，呈现出良好的"示范效应"和看齐意识。

第四，碳排放权交易市场供给侧结构性改革进程中，碳排放权交易市场试点间的关联更加紧密，存在显著区域间差异。根据关联度分析结果，广东省、深圳市碳排放权交易市场的关联更加紧密，与其他碳排放权交易市场试点间的关联度存在较大差异。根据网络密度与中心度分析可知，碳排放权交易市场试点关联网络的网络密度从 0.39 增加到 0.59，关联数量增多，网络中心度提升。利用核心-边缘结构分析可知，核心区从 4 个碳排放权交易市场试点增加到 7 个碳排放权交易市场试点，核心区的关联密度高于整体网络的网络密度。使用凝聚子群分析可知，子群内部和子群间的关联程度大于整体网络密度的情况从 2017 年占比 44% 增长到 2022 年占比 56%，碳排放权交易市场试点间的关联更加紧密。

第五，碳排放权交易市场存在履约与抵消风险、价格波动风险、数据核算与信息冲击风险以及市场失灵风险。加强碳排放权交易市场供给侧结构性改革应有效实施风险管理。面对履约与抵消风险，应完善碳排放权交易市场的违约惩罚机制，优化碳排放配额分配方案，形成统一的碳抵消标准；面对价格波动风险，应采用价格波动限制和配额供给调节等碳排放权价格稳定机制，完善信息披露监管制度，提高碳排放权交易市场活跃度；面对数据核算与信息冲击风险，应构建碳排放统计核算体系，提高信息冲击应对能力，完善信息监督机制；面对碳排放权交易市场的市场失灵风险，应利用征税和补贴等方法，征收私人企业未支付的外部边际成本，实施减排奖励政策，对减排企业的生产设备和技术进行补贴或减税。应兼顾利益合理分配碳排放配额，兼顾民生合理分配碳排放权交易市场收入，兼顾供需合理调控碳排放权价格。

根据研究结论，本书提出以下对策建议。

第一，深化碳排放权交易市场供给侧结构性改革，应构建碳排放统计核算体系、产品碳标识认证制度和产品碳足迹管理体系，健全碳市场交易制度和温室气体自愿减排交易制度。在全国层面，应加快完善落实"绿水青山就是金山银山"理念的体制机制，提供良好的市场交易平台、中介组织和政策支持，建立碳排放权交易市场与命令型环境规制的协同机制。应加强碳排放权交易市场的底层设施建设，提供必要的中介组织，降低碳排放权交易市场交易成本。应强化碳排放权交易市场的企业市场主体地位，实施市场监管，设计跨区域制度，及时规制非法碳排放行为，鼓励社会资本参与碳排放权交易市场。应建立促进要素自由充分流通的政策制度，建设市场型环境规制。在地区层面，应着力建设和完善要素市场，制定完善的政策法规，保障市场化顺利进行，降低碳交易成本，释放要素市场活力，培育良好的碳排放权交易市场环境，提升碳排放效率。应借鉴建设要素市场的经验，促进要素市场的发育，利用要素市场的引导作用提高碳排放效率，推动绿色低碳发展。

第二，加强碳排放权交易市场供给侧结构性改革，应实施区域联合治理，强化科技人才集聚的全域思维，实施科技人才集聚降低碳排放的跨区域联动，推动科技创新和产业创新融合发展。应促进省际科技人才的交流与合作，推动知识溢出与跨学科交融，使知识在人才流动过程中融会贯通，为碳排放效率提升提供动力和智力支持。应加大科技人才集聚力度，打破科技人才流动壁垒，制定差异性引才策略，发挥人才集聚规模效应。应加强省际科技人才的交流与合作，利用"人才引进"计划，吸引人才流入，建立科技人才共享机制，推动省际资源共享，激发内生动力和创新活力。应提高优化教育和医疗等民生性公共产品的供给质量，为当地碳排放效率的提升注入新活力。

第三，推动碳排放权交易市场供给侧结构性改革，应加强绿色低碳核心技术研发，优化绿色技术创新环境，健全绿色低碳发展机制，实现绿色低碳发展。应推动政-校-企三方合作，加强绿色创新技术研发与应用，形成绿色技术创新的创新链，为企业绿色技术研发提供多方支持，组织搭建"区域绿色低碳发展研究"高端智库。应利用科技人才集聚效应发展绿色高技术产业，加强区域经济发展与资源环境承载力的适配性，强化高技术产业牵引科技人才共享的作用。应动态监管高技术产业的科技人才需求和科技人才供给，以"人产互促"破解"人产失衡"，吸引和扶持高技术企业，调整产业与能源消费结构，促进高技术产业健康发展，完善推动高质量发展激励约束机制，塑造发展新动能新优势，驱动我国经济发展与生态环境协同提升。

第四，促进碳排放权交易市场供给侧结构性改革，应发挥市场机制作用，弥补市场失灵，激发内生动力和创新活力，实现资源配置效率最优化和效益最大化。应根据各地区的不同碳排放需求和偏好，综合考虑各地区的行业发展水平和减排潜力，合理分配碳排放配额，促进区域间的平衡发展。应结合竞价机制，有偿分配剩余的碳排放配额，提高资源配置效率。应维持碳排放权交易市场的稳定性和碳排放权价格的合理性，吸引更多的市场参与者。碳排放权交易市场参与者数量、市场规模和政策支持等方面存在不同，所以，要因地制宜制定碳排放权交易市场政策，利用各地区的比较优势，通过减税和补贴等激励措施激发企业参与碳排放权交易市场的积极性，提升碳排放权交易市场的流动性和活跃度。应适当增加先进技术和低耗能产业的碳排放配额，鼓励低碳技术创新，推动能源结构优化，促进碳资源在全国范围内自由流动，扩大市场规模，激励企业采取节能减排措施，推动绿色低碳发展。

参考文献

边晓娟,张跃军,2014.澳大利亚碳排放权交易经验及其对中国的启示[J].中国能源,36(8):29-33.

陈波,刘铮,2010.全球碳交易市场构建与发展现状研究[J].内蒙古大学学报(哲学社会科学版),42(3):22-26.

陈方丽,戴佩慧,2015.国际碳交易计划研究及对中国的借鉴[J].中国林业经济,(1):4-9.

陈骁,张明,2022.碳排放权交易市场:国际经验、中国特色与政策建议[J].上海金融,(9):22-33.

陈晓红,胡维,王陟昀,2013.自愿减排碳交易市场价格影响因素实证研究——以美国芝加哥气候交易所(CCX)为例[J].中国管理科学,21(4):74-81.

崔春山,郑海燕,2022.高技术产业集聚、技术溢出与碳生产率[J].技术经济与管理研究,(6):19-23.

戴一鑫,卢泓宇,2023.高技术产业集聚对长江经济带新型城镇化的影响——基于空间溢出效应视角[J].软科学,37(6):71-80.

单豪杰,2008.中国资本存量K的再估算:1952~2006年[J].数量经济技术经济研究,25(10):17-31.

单良,骆亚卓,廖翠程,等,2021.国内外碳交易实践及对我国建筑业碳市场建设的启示[J].建筑经济,42(9):5-9.

丁攀,李凌,潘秋蓉,等,2023.环境规制、转型金融与企业碳减排效应[J].南方金融,(8):41-55.

杜莉,李博,2012.利用碳金融体系推动产业结构的调整和升级[J].经济学家,(6):45-52.

方德斌,谢钱姣,2024.碳市场如何影响火电行业碳减排——碳价视角[J].系统工程理论与实践,44(3):1003-1017.

方恺,李帅,叶瑞克,等,2020.全球气候治理新进展——区域碳排放权分配研究综述[J].生态学报,40(1):10-23.

冯巍,2009.国际碳交易市场发展现状与展望[J].中国科技投资,(7):52-53.

高煜君,田涛,2022.碳交易对试点省市碳效率的影响机制研究[J].经济问题探索,(3):106-119.

关伟,王勇,许淑婷,2023.中国工业碳排放的网络结构及影响因素研究[J].资源与产业,25(5):40-49.

郭炳南,林基,2017.基于非期望产出SBM模型的长三角地区碳排放效率评价研究[J].工业技术经济,36(1):108-115.

郭蕾,赵方芳,2020.我国碳排放权交易市场活跃度研究——基于碳价时间序列的测算[J].价格理论与实践,(7):98-101,179.

郭沛,梁栋,2022.低碳试点政策是否提高了城市碳排放效率——基于低碳试点城市的准自然实验研究[J].自然资源学报,37(7):1876-1892.

郭宇辰,加鹤萍,余涛,等,2023.基于CNN-LSTM组合模型的碳价预测方法[J].科技管理研究,43(11):200-206.

何伟军,李闻钦,邓明亮,2022.人力资本、绿色科技创新与长江经济带全要素碳排放效率[J].科技进步与对策,39(9):23-32.

胡铭宇,董雪晗,高峰,2023.碳排放权交易是否影响股票收益率?——基于高低碳企业的异质性视角[J].投资研究,42(12):4-20.

胡玉凤,丁友强,2020.碳排放权交易机制能否兼顾企业效益与绿色效率?[J].中国人口·资源与环境,30(3):56-64.

雷玉桃,杨娟,2014.基于SFA方法的碳排放效率区域差异化与协调机制研究[J].经济理论与经济管理,(7):13-22.

李德山,徐海锋,张淑英,2018.金融发展、技术创新与碳排放效率:理论与经验
研究[J].经济问题探索,(2):169-174.

李琳,曾伟平,2021.高新技术产业集聚提升中国绿色创新效率了吗？[J].当
代经济管理,43(2):48-56.

李胜兰,林沛娜,2020.我国碳排放权交易政策完善与促进地区污染减排效应
研究——基于省级面板数据的双重差分分析[J].中山大学学报(社会科学
版),60(5):182-194.

李思思,张目,2021.大数据产业、区域技术创新效率与金融科技发展——基于
空间杜宾模型及中介效应的实证分析[J].金融理论与实践,(7):10-18.

李涛,宋志成,石梦舒,等,2022.基于文献计量的国内外碳排放权交易研究现
状分析[J].科技管理研究,42(13):199-208.

李威,2023.欧盟碳排放权交易体系对我国碳市场发展的借鉴与启示[J].海
南金融,(4):44-51.

李志学,李乐颖,陈健,2019.产业结构、碳权市场与技术创新对各省区碳减排
效率的影响[J].科技管理研究,39(16):79-90.

李治国,王杰,2021.中国碳排放权交易的空间减排效应:准自然实验与政策溢
出[J].中国人口·资源与环境,31(1):26-36.

李作学,张蒙,2022.什么样的宏观生态环境影响科技人才集聚——基于中国
内地 31 个省份的模糊集定性比较分析[J].科技进步与对策,39(10):
131-139.

刘传明,孙喆,张瑾,2019.中国碳排放权交易试点的碳减排政策效应研究[J].中
国人口·资源与环境,29(11):49-58.

刘华军,刘传明,陈明华,2016.中国工业 CO_2 排放的行业间传导网络及协同
减排[J].中国人口·资源与环境,26(4):90-99.

刘华军,刘传明,杨骞,2015.环境污染的空间溢出及其来源——基于网络分析
视角的实证研究[J].经济学家,(10):28-35.

刘明明,2019.中国碳排放配额初始分配的法律思考[J].江淮论坛,(4):
113-120.

刘亦文,胡宗义,2015.中国碳排放效率区域差异性研究——基于三阶段 DEA
模型和超效率 DEA 模型的分析[J].山西财经大学学报,37(2):23-34.

马茹,张静,王宏伟,2019.科技人才促进中国经济高质量发展了吗?——基于科技人才对全要素生产率增长效应的实证检验[J].经济与管理研究,40(5):3-12.

马艳艳,王诗苑,孙玉涛,2013.基于供求关系的中国碳交易价格决定机制研究[J].大连理工大学学报(社会科学版),34(3):42-46.

梅晓红,2015.中国碳金融市场对区域产业结构的影响研究——基于paneldata计量模型的实证分析[J].技术经济与管理研究,(1):108-111.

苗壮,周鹏,李向民,2013.借鉴欧盟分配原则的我国碳排放额度分配研究——基于ZSG环境生产技术[J].经济学动态,(4):89-98.

裴玲玲,2018.科技人才集聚与高技术产业发展的互动关系[J].科学学研究,36(5):813-824.

平智毅,吴学兵,吴雪莲,2020.长江经济带碳排放效率的时空差异及其影响因素分析[J].生态经济,36(3):31-37.

齐绍洲,林屾,崔静波,2018.环境权益交易市场能否诱发绿色创新?——基于我国上市公司绿色专利数据的证据[J].经济研究,53(12):129-143.

齐绍洲,张振源,2019.碳金融对可再生能源技术创新的异质性影响——基于欧盟碳市场的实证研究[J].国际金融研究,(5):13-23.

钱浩祺,吴力波,任飞州,2019.从"鞭打快牛"到效率驱动:中国区域间碳排放权分配机制研究[J].经济研究,54(3):86-102.

秦耀辰,荣培君,杨群涛,等,2014.城市化对碳排放影响研究进展[J].地理科学进展,33(11):1526-1534.

冉启英,徐丽娜,2020.异质性R&D、政府支持与能源强度[J].科技管理研究,40(5):224-232.

邵帅,范美婷,杨莉莉,2022.经济结构调整、绿色技术进步与中国低碳转型发展——基于总体技术前沿和空间溢出效应视角的经验考察[J].管理世界,38(2):46-69,4-10.

邵帅,徐俐俐,杨莉莉,2023.千里"碳缘"一线牵:中国区域碳排放空间关联网络的结构特征与形成机制[J].系统工程理论与实践,43(4):958-983.

时佳瑞,蔡海琳,汤铃,等,2015.基于CGE模型的碳交易机制对我国经济环境影响研究[J].中国管理科学,23(S1):801-806.

宋德勇,夏天翔,2019.中国碳交易试点政策绩效评估[J].统计与决策,35
　(11):157-160.

宋德勇,朱文博,王班班,2021.中国碳交易试点覆盖企业的微观实证:碳排放
　权交易、配额分配方法与企业绿色创新[J].中国人口·资源与环境,31
　(1):37-47.

宋亚植,刘天森,梁大鹏,等,2019.碳市场合理初始价格区间测算[J].资源科
　学,41(8):1438-1449.

孙爱军,2015.省际出口贸易、空间溢出与碳排放效率——基于空间面板回归
　偏微分效应分解方法的实证[J].山西财经大学学报,37(4):1-10.

孙宁,2011.依靠技术进步实行制造业碳减排——基于制造业30个分行业碳
　排放的分解分析[J].中国科技论坛,(4):44-48.

孙文浩,2021.科研人才集聚与地区新旧动能转换[J].中国人力资源开发,38
　(1):101-113.

孙亚男,刘华军,刘传明,等,2016.中国省际碳排放的空间关联性及其效应研
　究——基于SNA的经验考察[J].上海经济研究,(2):82-92.

童俊军,谢毅,黄倩,等,2014.国际碳排放权交易体系比较分析[J].节能与环
　保,(11):56-60.

王丹舟,杨德天,2018.中国碳排放权交易价格的驱动因素[J].首都经济贸易
　大学学报,20(5):87-95.

王惠,卞艺杰,王树乔,2016.出口贸易、工业碳排放效率动态演进与空间溢
　出[J].数量经济技术经济研究,33(1):3-19.

王慧,2016.论碳排放权的法律性质[J].求是学刊,43(6):74-86.

王丽蓉,石培基,尹君锋,等,2004.碳中和视角下甘肃省县域碳收支时空分异
　与国土空间分区优化[J/OL].环境科学,1-15[2024-05-29].

王莉,刘莹莹,姜惠源,2004.2030年中国主要省域间碳排放配额分配[J/OL].
　水土保持通报,1-10[2024-05-29].

王倩,路京京,2015.中国碳配额价格影响因素的区域性差异[J].浙江学刊,
　(4):162-168.

王诗云,李琦,胡静怡,等,2023."双碳"背景下辽宁省碳排放驱动因素分
　析——基于扩展Kaya恒等式[J].沈阳大学学报(自然科学版),35(5):
　372-379.

魏立佳,彭妍,刘潇,2018.碳市场的稳定机制:一项实验经济学研究[J].中国工业经济,(4):174-192.

吴大磊,赵细康,王丽娟,2016.美国首个强制性碳交易体系(RGGI)核心机制设计及启示[J].对外经贸实务,(7):23-26.

吴昊玥,黄瀚蛟,何宇,等,2021.中国农业碳排放效率测度、空间溢出与影响因素[J].中国生态农业学报(中英文),29(10):1762-1773.

吴继贵,叶阿忠,2016.资本积累、经济增长和能源碳排放的空间冲击效应——基于SSpVAR模型的研究[J].科学学与科学技术管理,37(5):24-33.

吴雅珍,马啸天,吴凯,等,2023.经济增长与结构变化对亚洲国家碳排放与空气污染物排放的影响——基于KAYA、LMDI与SDA分解的驱动力分析[J].生态经济,39(12):191-205.

夏凡,王之扬,王欢,2022.碳排放权交易体系制度建设:国际实践及经验借鉴[J].海南金融,(7):24-30,37.

夏怡然,陆铭,2019.跨越世纪的城市人力资本足迹——历史遗产、政策冲击和劳动力流动[J].经济研究,54(1):132-149.

肖振红,谭睿,史建帮,等,2022.环境规制对区域绿色创新效率的影响研究——基于"碳排放权"试点的准自然实验[J].工程管理科技前沿,41(2):63-69.

徐彬,吴茜,2019.人才集聚、创新驱动与经济增长[J].软科学,33(1):19-23.

徐军海,黄永春,邹晨,2020.长三角科技人才一体化发展的时空演变研究——基于社会网络分析法[J].南京社会科学,(9):49-57.

徐军海,黄永春,2021.科技人才集聚能够促进区域绿色发展吗[J].现代经济探讨,(12):116-125.

徐琳,2010.后危机时代世界碳交易市场的发展及其前景[J].开放导报,(4):104-107.

徐婷婷,贾卫国,2012.中国碳交易市场的建设[J].南京林业大学学报(人文社会科学版),12(1):82-87.

杨桂元,吴齐,涂洋,2016.中国省际碳排放的空间关联及其影响因素研究——基于社会网络分析方法[J].商业经济与管理,(4):56-68,78.

杨慧,2018.日本碳排放权交易体系的构建及对我国的启示[J].农村经济与科技,29(4):18-19.

易定红,陈翔,2020.人力资本外部性、劳动要素集聚与城市化形成机制研究[J].经济问题,(5):7-14.

尹忠海,谢岚,2021.环境财税政策对区域碳排放影响的差异化机制[J].江西社会科学,41(7):46-57,254-255.

于斌斌,2017.产业结构调整如何提高地区能源效率?——基于幅度与质量双维度的实证考察[J].财经研究,43(1):86-97.

余敦涌,张雪花,刘文莹,2015.基于随机前沿分析方法的碳排放效率分析[J].中国人口·资源与环境,25(S2):21-24.

余萍,刘纪显,2020.碳交易市场规模的绿色和经济增长效应研究[J].中国软科学,(4):46-55.

曾诗鸿,李璠,翁智雄,等,2022.我国碳交易试点政策的减排效应及地区差异[J].中国环境科学,42(4):1922-1933.

张彩江,李章雯,周雨,2021.碳排放权交易试点政策能否实现区域减排?[J].软科学,35(10):93-99.

张成,史丹,李鹏飞,2017.中国实施省际碳排放权交易的潜在成效[J].财贸经济,38(2):93-108.

张宏武,时临云,2014.中国 CO_2 排放效率的省际差异及其原因分析:基于2010年面板数据的实证分析[J].环境科学与技术,37(8):192-197.

张慧,乔忠奎,许可,等,2018.资源型城市碳排放效率动态时空差异及影响机制——以中部6省地级资源型城市为例[J].工业技术经济,37(12):86-93.

张江艳,2024.基于扩展 STIRPAT 模型 LMDI 分解的碳排放脱钩因素[J].环境科学,45(4):1888-1897.

张莉娜,倪志良,2022.科技人才集聚与区域创新效率——基于空间溢出与门槛效应的实证检验[J].软科学,36(9):45-50.

张明志,王新培,郇馥莹,2023.生产性服务业集聚与黄河流域减碳增效:基于碳排放效率的核算分析视角[J].软科学,37(12):65-72.

张楠,2022.政治经济学视角下碳排放权交易市场运行机制探究[J].理论月刊,(9):71-78.

张宁,赵玉,2021.中国能顺利实现碳达峰和碳中和吗?——基于效率与减排成本视角的城市层面分析[J].兰州大学学报(社会科学版),49(4):13-22.

张省,2023.我国碳排放权交易价格组合预测研究——基于二次分解和机器学习方法的分析[J].价格理论与实践,(9):142-145,209.

张伟,朱启贵,李汉文,2013.能源使用、碳排放与我国全要素碳减排效率[J].经济研究,48(10):138-150.

张曦,郭淑芬,2020.中国工业技术创新效率空间关联及其影响因素[J].科学学研究,38(3):525-535.

张晓燕,殷子涵,李志勇,2023.欧盟碳排放权交易市场的发展经验与启示[J].清华金融评论,(2):28-31.

张修凡,范德成,2021.碳排放权交易市场对碳减排效率的影响研究——基于双重中介效应的实证分析[J].科学学与科学技术管理,42(11):20-38.

张杨,袁宝龙,郑晶晶,等,2004.策略性回应还是实质性响应?碳排放权交易政策的企业绿色创新效应[J/OL].南开管理评论,1-24[2024-05-29].

赵宪庚,2023.双碳目标下统一碳市场建设标准化若干问题思考[J].中国标准化,(8):8-9.

郑立群,2012.中国各省区碳减排责任分摊——基于零和收益DEA模型的研究[J].资源科学,34(11):2087-2096.

郑祖婷,沈菲,郎鹏,2018.我国碳交易价格波动风险预警研究——基于深圳市碳交易市场试点数据的实证检验[J].价格理论与实践,(10):49-52.

周朝波,覃云,2020.碳排放权交易试点政策促进了中国低碳经济转型吗?——基于双重差分模型的实证研究[J].软科学,34(10):36-42,55.

周迪,刘奕淳,2020.中国碳交易试点政策对城市碳排放绩效的影响及机制[J].中国环境科学,40(1):453-464.

周宏春,2009.世界碳交易市场的发展与启示[J].中国软科学,(12):39-48.

周怡,张泽栋,马克,2023.碳排放权交易中心建设的国际经验与中国路径[J].西南金融,(10):3-17.

朱嘉豪,许章华,李诗涵,等,2023.福州都市圈能源消费碳排放空间网络结构演化及其影响因素研究[J].地理与地理信息科学,39(6):75-83.

朱潜挺,吴静,洪海地,等,2015.后京都时代全球碳排放权配额分配模拟研究[J].环境科学学报,35(1):329-336.

蓝管秀锋,吴亚婷,匡贤明,2021.市场潜能与地区收入差距——基于空间视角[J].技术经济,40(7):73-83.

Abrell J,Ndoye Faye A,achmann G,2011. Assessing the impact of the EU ETS using firm level data[R]. Bruegel working paper.

Ang B W,2005. The LMDI approach to decomposition analysis:A practical guide[J]. Energy Policy,33(7):867-871.

Ang B W,1999. Is the energy intensity a less useful indicator than the carbon factor in the study of climate change[J]. Energy Policy,27(15):943-946.

Ibrahim B M,Kalaitzoglou I A,2016. Why docarbon prices and price uncertainty change? [J]. Bank. Financ,63,pp:76-94.

Barzel Y,1971. The Market for a Semipublic Good:The Case of the American Economic Review[J]. American Economic Review,61(4).

Cai W G,Ye P Y,2019. A more scientific allocation scheme of carbon dioxide emissions allowances. The case from China. [J]. Clean Prod,215 pp. 903-912.

Calel R,Dechezleprêtre A,2016. Environmental policy and directed technological change:evidence from the European carbon market[J]. Review of economics and statistics,98(1):173-191.

Charnes A,Cooper W W,1978,Rhodes E. Measuring the efficiency of decision making units[J]. European Journal of Operational Research,2(6):429-444.

Chen F,Zhao T,et al,2021. Allocation of carbon emission quotas in Chinese provinces based on Super-SBM model and ZSG-DEA model[J]. Clean Technol. Environ. Policy,23(8),pp. 2285-2301.

Chen F,Zhao T,Xia H M,et al,2021. Allocation of carbon emission quotas in Chinese provinces based on Super-SBM model and ZSG-DEA model[J]. Clean Technologies and Environmental Policy:1-17.

Cheng B,Dai H,Wang P,et al,2015. Impacts of carbon trading scheme on air pollutant emissions in Guangdong Province of China[J]. Energy for sustainable development,27:174-185.

Coase R H,2013. The problem of social cost[J]. The journal of Law and Economics,56(4):837-877.

Crocker T,1966. The structuring of atmospheric pollution control systems,volume 1 of the economics of air pollution[J]. Harold Wolozin,New York.

Dales J H,2002. Pollution,property & prices:an essay in policy-making and economics[M]. Edward Elgar Publishing.

Demsetz H,1970. The private production of public goods[J]. The Journal of Law and Economics,13(2):293-306.

Dong F,Dai Y,Zhang S,et al,2019. Can a carbon emission trading scheme generate the Porter effect? Evidence from pilot areas in China[J]. Science of the Total Environment,653:565-577.

Fang K,Zhang Q F,Long Y,et al,2019. How can China achieve its intended nationally determined contributions by 2030? A multi-criteria allocation of China's carbon emission allowance[J]. Applied Energy,241:380-389.

Gomes E G,Lins M E,2008. Modelling undesirable outputs with zero sum gains data envelopment analysis models[J]. Journal of the Operational Research Society,59(5):616-623.

Gregory Mankiw,2007. Pincipals of Economics[M]. 北京:北京大学出版社:103-132.

Harsanyi J C,1967. Games with incomplete information played by Bayesian players[J]. Management Science. 14:159-182,320-334,486 -502.

He W J,Zhang B,2021. A comparative analysis of Chinese provincial carbon dioxide emissions allowances allocation schemes in 2030:an egalitarian perspective[J]. Science of The Total Environment,765:142705.

Lu H,Ma X,Huang K,2020. Carbon trading volume and price forecasting in China using multiple machine learning models[J]. Journal of Cleaner Production,249:3-5.

João Prates Romero and Frederico G,2012. Jayme. Financial System,Innovation and Regional Development:The Relationship between Liquidity Preference and Innovation in Brazil[J]. Review of Political Economy,24(4):623-642.

Karoline S,2018. Rogge and Joachim Schleich. Do policy mix characteristics matter for low-carbon innovation? A survey-based exploration of renewable power generation technologies in Germany[J]. Research Policy,47(9):1639-1654.

Kaya Y, Yokobori K,1997. Environment, energy and economy: strategies for sustainability[M]. United Nations University Press:56-59.

Laing T,Sato M,Grubb M,et al,2013. Assessing the effectiveness of the EU Emissions Trading System [M]. London: Grantham Research Institute on Climate Change and the Environment.

Liao Z,Zhu X,Shi J,2015. Case study on initial allocation of Shanghai carbon emission trading based on Shapley value [J]. Journal of Cleaner Production, 103:338-344.

Lins M P E,Gomes E G,Soares de Mello J C C B,et al,2003. Olympic ranking based on a zero sum gains DEA model[J]. European Journal of Operational Research,148(2):312-322.

Männasoo Kadri,Hein Heili,Ruubel Raul,2018. The contributions of human capital,R&D spending and convergence to total factor productivity growth[J]. Regional Studies,52(12):1598-1611.

Montgomery W D,1972. Markets in licenses and efficient pollution control programs[J]. Journal of economic theory,5(3):395-418.

Niu XS,Wang JZ,et al,2022. Carbon price forecasting system based on error correction and divide-conquer strategies[J]. Applied Soft Computing,118.

Petrick S,Wagner U J,2014. The impact of carbon trading on industry: Evidence from German manufacturing firms[J]. Available at SSRN 2389800.

Pigou A C,1920. The report of the Royal Commission on the British income tax[J]. The Quarterly Journal of Economics,34(4):607-625.

Samuelson P A,1954. The pure theory of public expenditure[J]. The review of economics and statistics:387-389.

Schmidt T S,Schneider M,Rogge K S,et al,2012. The effects of climate policy on the rate and direction of innovation:A survey of the EU ETS and the electricity sector[J]. Environmental Innovation and Societal Transitions,2:23-48.

Shi W, Li W, Qiao F, 2023. An inter-provincial carbon quota study in China based on the contribution of clean energy to carbon reduction. Energy Policy, 182.

Song Y Z, Liu T S, Liang D P, et al, 2019. A fuzzy stochastic model for carbon price prediction under the effect of demand-related policy in China's carbon market[J]. Ecological Economics, 157: 253-265.

Sonia Labatt, Rodney R, 2009. White. Carbon Finance[M]. New Jersey: Hoboken.

Stavins R N, 1998. What Can We Learn from the Grand Policy Experiment[J]. Lessons from SO_2 ~ Allowance Trading. JOURNALOFECONOMICPERSPEC-TIVES, 12(3): 69-88.

Streimikiene D, Roos I, 2009. GHG emission trading implications on energy sector in Baltic States [J]. Renewable and Sustainable Energy Reviews, 13 (4): 854-862.

Sun J W, 2005. The decrease of CO_2 emission intensity is decarbonization at national and global levels[J]. Energy Policy, 33(8): 957-978.

Tang L, Wu J, Yu L, et al, 2015. Carbon emissions trading scheme exploration in China: A multi-agent-based model[J]. Energy Policy, 81: 152-169.

THORSTEN BECK, ROSS LEVINE, ALEXEY LEVKOV, 2010. Big Bad Banks? The Winners and Losers from Bank Deregulation in the United States[J]. The Journal of Finance, 65(5): 1637-1667.

Wei Li, Yan-Wu Zhang, Can Lu, 2018. The impact on electric power industry under the implementation of national carbon trading market in China: A dynamic CGE analysis[J]. Journal of Cleaner Production, 200: 511-523.

Wu R, Dai H, Geng Y, et al, 2016. Achieving China's INDC through carbon cap-and-trade: Insights from Shanghai[J]. Applied energy, 184: 1114-1122.

Yan WL, Cheung W, 2023. The dynamic spillover effects of climate policy uncertainty and coal price on carbon price: Evidence from Chin[J]. Finance Research Letters, 53.

Yang K K, Lei Y L, Chen W M, et al, 2018. Carbon dioxide emission reduction quota allocation study on Chinese provinces based on two-stage Shapley information entropy model[J]. Natural Hazards, 91 (1): 321-335.

Yang M, Hou Y R, Ji Q, et al, 2020. Assessment and optimization of provincial CO_2 emission reduction scheme in China: an improved ZSGDEA approach[J]. Energy Economics, 91: 104931.

Yasmeen Humaira, 2020. Decomposing factors affecting CO_2 emissions in Pakistan: insights from LMDI decomposition approach. [J]. Environmental science and pollution research international, 27(3): 3113-3123.

Zhang Y J, Wang A D, Da Y B, 2014. Regional allocation of carbon emission quotas in China: evidence from the Shapley value method[J]. Energy Policy, 74: 454-464.

Zhou Y. Guo Y. Z. Liu Y. S, 2018. High-level talent flow and its influence on regional unbalanced development in China[J]. Applied Geography, 91: 89-98.